Weltall

Weltall

Sterne • Planeten • Universum

Inhalt

Das Universum

Das Sonnensystem

Geschichte der Astronomie

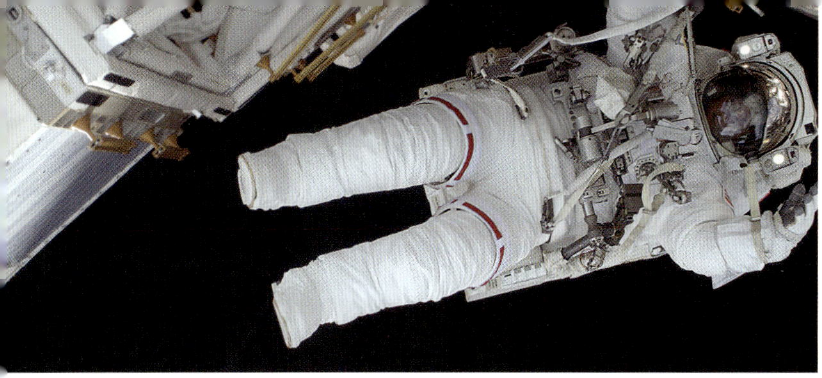

Bemannte Raumfahrt

Das Sonnensystem erkunden

Die Tiefen des Alls

Alles, was uns umgibt, besteht aus **Molekülen,** auch ein Wassertropfen.

Leuchtende Atome

Woher wissen Astronomen eigentlich, was in fernen Sternen oder Galaxien passiert und woraus sie bestehen? Sie untersuchen das Licht der Objekte am Himmel – und vertrauen auf die Erkenntnisse der Physik.

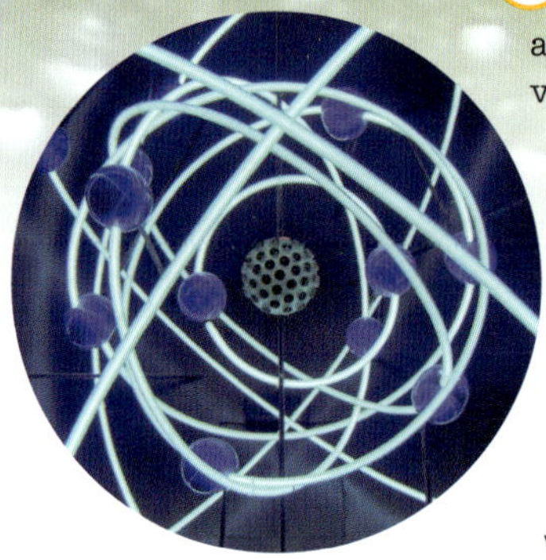

Innen Atomkern, außen Elektronen – das vereinfachte **Atommodell.**

Materie besteht aus Molekülen

Die Frage klingt einfach: Kann man einen Wassertropfen beliebig oft teilen? Nein, denn irgendwann landet man bei Teilchen, die man Moleküle nennt. Und die sind wirklich winzig: Ein Wassertröpfchen, so dick wie ein Haar, enthält mehr Moleküle als 1 Mio. Beachvolleyballfelder Sandkörner! Nicht nur Wasser besteht aus Molekülen – alles, was uns umgibt, ist aus unterschiedlichen Molekülarten aufgebaut. Moleküle bestehen wiederum aus noch kleineren Bestandteilen, den Atomen, die ziemlich fest miteinander verknüpft sind.

Was sind Atome?

Man kann sich ein Atom wie eine kleine Kugel vorstellen, die wiederum aus noch kleineren Teilchen besteht, Neutronen und Protonen. Um diese Kugel (den „Atomkern") schwirren Elektronen wie winzige Mücken. Das einfachste Atom ist das Wasserstoff-Atom: Sein Kern ist nur ein Proton, um das ein einzelnes Elektron fliegt. Das nächst schwerere Atom ist das Helium-Atom. Sein Kern enthält zwei Neutronen und zwei Protonen, und drumherum in der „Atomhülle" schwirren zwei Elektronen. Für ein Wassermolekül braucht man zwei verschiedene Arten von Atomen: Wasserstoff und Sauerstoff-Atome (acht Neutronen, acht Protonen, acht Elektronen). Jedes Wassermolekül enthält zwei Wasserstoff-Atome und ein Sauerstoff-Atom.

Aktivbox

Flammentest für Natrium und Kupfer

Das brauchst du: eine Gasflamme (Feuerzeug), einen Salzstreuer, ein Stück Kupfer (Draht), einen Metall-Löffel.

Lege das Kupfer in den Löffel, und halte die Feuerzeugflamme so an das Kupfer, dass die Gasflamme bläulich bis farblos brennt. Immer wieder wird die Flamme aber grün aufflackern, denn Kupferatome färben die Flamme grün. Kippe den Löffel aus, halte die Flamme hinein und bitte jemanden, in den Löffel etwas Salz rieseln zu lassen: Sofort wird sie gelb aufflackern, denn die Natrium-Atome im Salz färben Flammen gelb. Jede Sorte von Atomen verursacht also eine eigene, ganz typische Färbung der Flammen. Noch besser funktioniert der Versuch übrigens mit einem Mini-Gasbrenner, wie man ihn in der Küche zum Karamelisieren von Zucker verwendet.

Infobox

Ein Fingerabdruck aus Licht

Wenn Atome sehr heiß werden, geraten ihre Elektronen „in Aufregung“. Sie senden dann Licht in ganz bestimmten Farben aus. So hat jede Atomsorte einen typischen Licht-Fingerabdruck. Den nutzen die Astronomen, um festzustellen, welche Elemente – also Atomsorten – ferne Sterne enthalten: Sie suchen im Licht des Sternes nach den typischen Farb-Abdrücken der Atome.

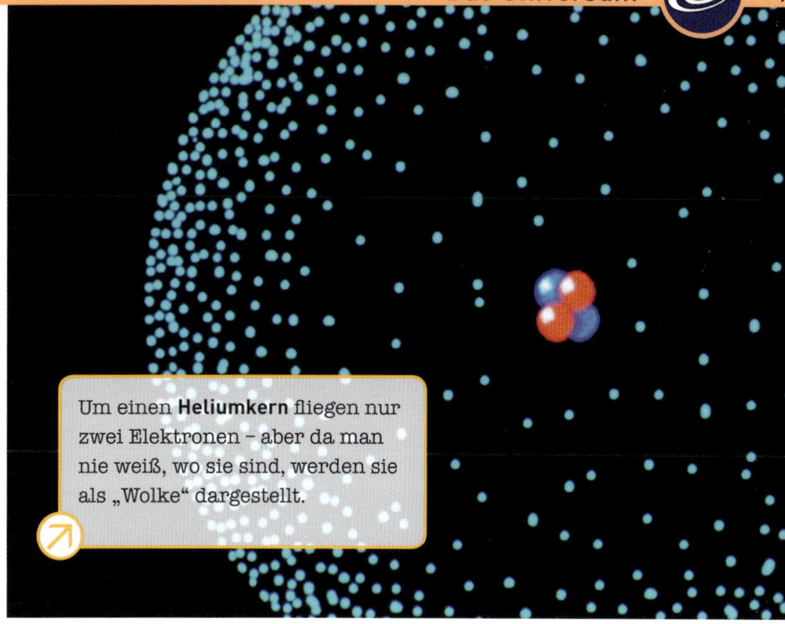

Um einen **Heliumkern** fliegen nur zwei Elektronen – aber da man nie weiß, wo sie sind, werden sie als „Wolke“ dargestellt.

Das Spektrum

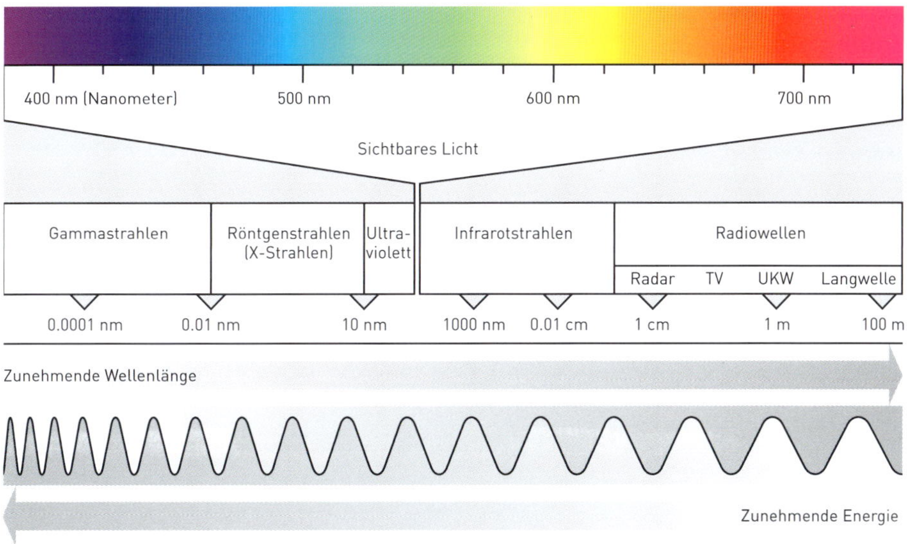

Heiß und blau

Wenn ein Schmied ein Stück Eisen ins Feuer legt, dann beginnt es zu glühen – erst dunkelrot, dann immer gelblicher und schließlich weiß. Ganz ähnlich ist es mit Sternen: Heiße Sterne leuchten weiß, kühlere strahlen mehr Licht im gelblich-roten Bereich ab. Die Intensität der Farben im Licht eines Sternes verrät Astronomen daher etwas darüber, wie heiß er brennt.

Mehr als der Regenbogen

Wenn man von Licht spricht, dann denkt man meist an das, was man sehen kann. Doch es gibt noch andere Arten von Licht, die im sogenannten „Spektrum“ zusammengefasst werden. Licht, das blauer als das blaue Licht im Regenbogen ist, kann man mit der Haut schmerzhaft spüren: Es heißt „UV-Strahlung“ (UV bedeutet „ultraviolett“) und erzeugt Sonnenbrand. Noch blaueres Licht ist Röntgenstrahlung, und dann folgt Gammastrahlung, wie sie z. B. in Kernkraftwerken entsteht. Auf der anderen Seite des Regenbogens liegt das rote Licht. Und auch jenseits davon ist eine Lichtart, die man nicht sieht, aber spürt: das „infrarote“ Licht, die Wärmestrahlung.

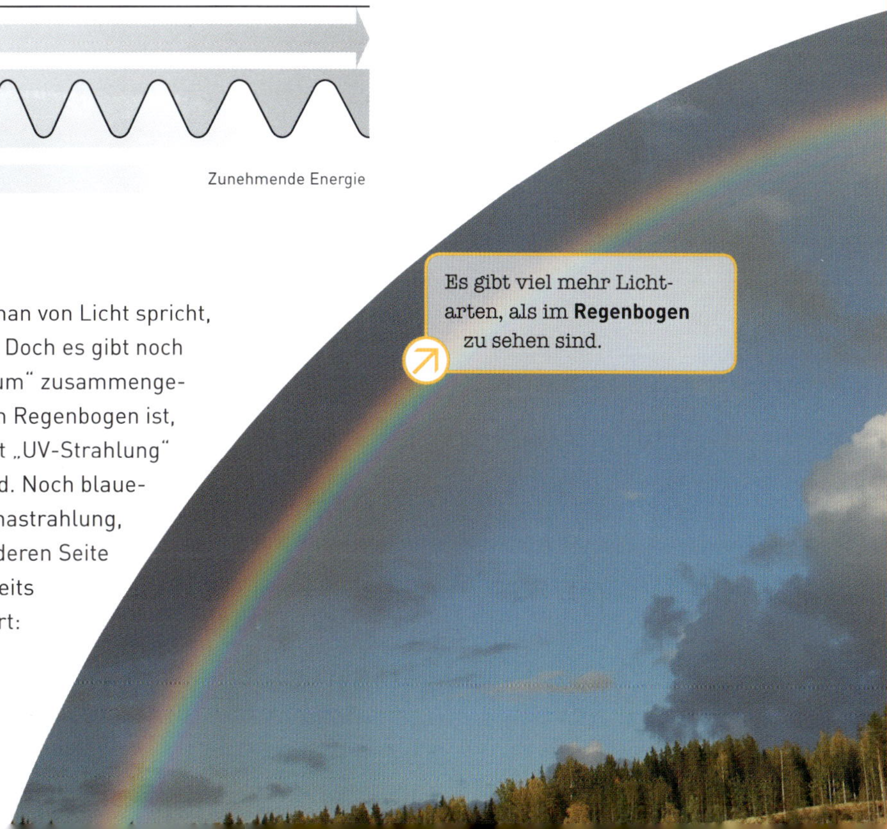

Es gibt viel mehr Lichtarten, als im **Regenbogen** zu sehen sind.

Die **elektrische Kraft** zeigt ihre Wirkung: der Luftballon zieht die Haare an!

Masse ist Energie Jede Sekunde wird die Sonne um 4,4 Mio. t leichter! Wo geht diese Masse hin? Die Erklärung steckt in der wohl berühmtesten Formel der Physik: $E = mc^2$. Sie sagt aus, dass Energie (E) eine andere Form von Masse (m) ist. Die Masse, die die Sonne verliert, wird als Energie abgestrahlt: als Licht und Wärmestrahlung.

Seltsame Gesetze der Physik

Wenn sie Sterne oder Planeten beobachten, arbeiten Astronomen oft wie Detektive. Sie nutzen dabei High-Tech und Physik. Und die ist manchmal ganz schön erstaunlich – und immer noch voller Rätsel!

Licht durch Atomverschmelzung

Warum leuchten Sterne? Weil in ihnen leichtere Atomkerne zu schwereren verschmelzen, wobei ungeheure Energiemengen frei werden. Je leichter Atomkerne sind, desto einfacher ist es, sie zum Verschmelzen zu bewegen – und die leichtesten Atome sind Wasserstoff-Atome. In der Sonne wird daher ständig tonnenweise Wasserstoff in einem komplizierten Verschmelzungs- und Verwandlungsprozess in Helium umgewandelt, wobei ein Teil der Masse verschwindet und zu Energie wird.

Vier Naturkräfte Physiker kennen vier Naturkräfte. Zwei davon spielen nur in Atomen eine Rolle. Kraft Nummer drei ist die elektrische Anziehungskraft – die kann man z. B. beobachten, wenn man einen Luftballon reibt und ans Haar hält: Die Haare richten sich dann auf, weil sie elektrisch von der Luftballonhaut angezogen werden. Die vierte Kraft ist die Schwerkraft. Sie ist die Kraft mit der größten Reichweite, hält uns auf dem Erdboden und sorgt zwischen Sonne und Erde dafür, dass die Erde nicht ins Weltall verschwindet. Die Schwerkraft zwingt die Erde auf eine Ellipsenbahn um die Sonne – so wie alle Asteroiden, Planeten und Meteoriten, die die Sonne umkreisen. Weshalb es offenbar nur vier Naturkräfte gibt, weiß bisher niemand. Das ist eine der größten ungelösten Fragen der Physik.

Die Schwerkraft, die den Bungee-Jumper nach unten zieht, ist eine **Naturkraft**.

Infobox

Sternmaterie im Blut
Das Verschmelzen der Atome in Sternen hat noch einen zweiten Effekt: Aus leichten Atom-Sorten entstehen schwerere. Daher ist jeder Stern eine Fabrik, in der schwerere Elemente produziert werden. Explodiert der Stern, z. B. in einer Supernova, dann werden die schweren Elemente ins All geschleudert und können irgendwo neue Sternsysteme bilden. Auch unser Sonnensystem ist so entstanden. So stammt z. B. das Eisen auf der Erde von fernen Sternen – sogar das Eisen in unserem Körper!

Durch die genaue **Untersuchung des Lichts** ferner Sterne erhalten Astronomen Kenntnisse über deren Zusammensetzung und Bewegung.

Entfernungen im All Sterne sind ungeheuer weit voneinander weg. Betrüge der Abstand Sonne–Erde nur 1 m, dann wäre der nächste Stern, Proxima Centauri, etwa 267 km weit entfernt! Als Längenangabe im Weltall sind Kilometer daher ungeeignet: Die Zahlen würden schnell ins Ungeheuerliche wachsen. Deshalb haben die Astronomen andere Maßeinheiten für die Länge. Die einfachste ist die Astronomische Einheit (AI): Eine Astronomische Einheit ist die Entfernung Sonne–Erde (ca. 150 Mio. km). Eine andere Längeneinheit ist das Lichtjahr. Dabei handelt es sich um die Strecke, die Licht in einem Jahr zurücklegt. Proxima Centauri ist 4,22 Lichtjahre (oder 267 000 AI) von der Erde entfernt.

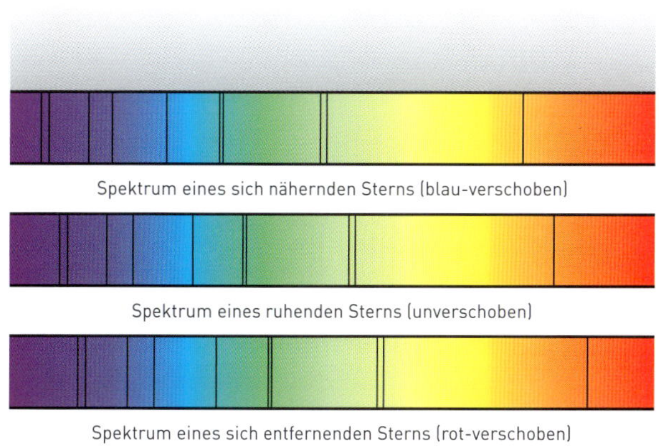

Die Bewegung von Sternen messen Wenn ein Krankenwagen mit eingeschalteter Sirene vorbeirast, dann passiert etwas Seltsames: Während der Krankenwagen näher kommt, klingt die Sirene höher, als wenn er sich entfernt. Ein hoher Ton entspricht schnellen Luftschwingungen, ein tiefer Ton langsamen. Beim Näherkommen werden die durch die Sirene erzeugten Luftschwingungen sozusagen „zusammengedrückt", beim Wegfahren „auseinandergezogen". Beim Licht ist es ganz ähnlich. Um herauszufinden, wie sich ein Stern bewegt, misst man daher, welche Farben die Atome des Sterns aussenden. Eine schnelle Lichtschwingung erscheint als blaues Licht, während eine langsame Schwingung rot aussieht. Erscheint das Sternlicht „zu blau" (blau-verschoben), dann fliegt der Stern also auf uns zu, ist es „zu rot" (rot-verschoben), dann fliegt der Stern von uns weg (vgl. Illustration).

Die Geschichte des Weltalls

Dehnt sich das Weltall aus? Albert Einstein gefiel diese Idee gar nicht – aber heute sind die Astronomen davon überzeugt. In der Wissenschaft der Kosmologie untersuchen sie die Geschichte des Weltalls im Großen und Ganzen und beantworten Fragen wie: Gab es einen Urknall? Und wie sah das Universum damals aus?

Wissenschaftler gehen davon aus, dass der Kosmos in einer gigantischen **Explosion** entstand.

Weltall und Gummituch Lange dachte man, das Weltall sei „stationär" und unveränderlich: Egal, wie sich die Sterne bewegen, der Raum zwischen ihnen bleibt immer derselbe. Besonders der berühmte Physiker Albert Einstein (1879–1955) glaubte felsenfest daran, obwohl seine Relativitätstheorie voraussagte, dass große Sterne den Raum durchaus etwas verzerren können. Wie das? Man kann sich den Raum wie ein gespanntes Gummituch vorstellen, das mit einem regelmäßigen Muster bemalt ist. Legt man ein Gewicht in das Tuch, dann beult es sich aus wie eine Hängematte, und in der Nähe des Gewichts werden die Quadrate gedehnt: Das Gewicht (der Stern) hat das Tuch (den Raum) verzerrt.

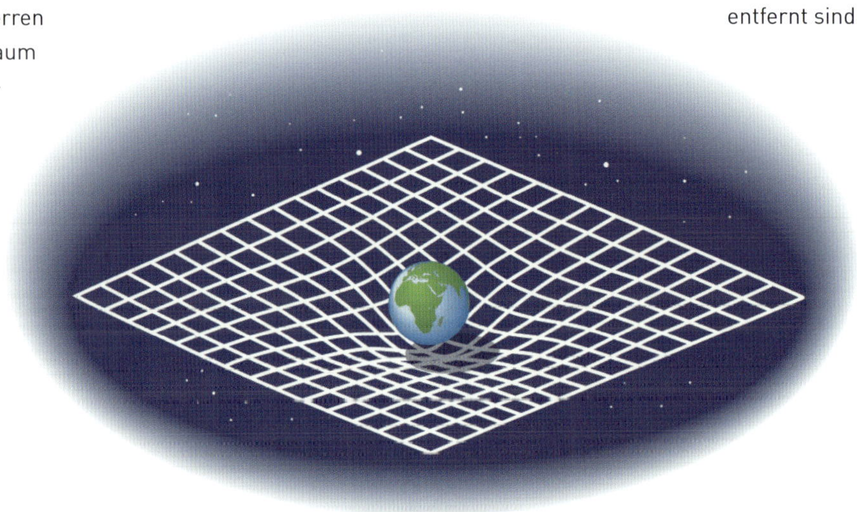

Rotverschiebung Anfang des 20. Jhs. beobachtete der amerikanische Astronom Vesto Slipher (1875–1969), dass Galaxien sich von uns zu entfernen scheinen. Und der Astronom Edwin Hubble (1889–1953) folgerte nach weiteren Beobachtungen, dass sich der Raum ausdehnt, der Kosmos also immer größer wird. Wie kamen sie darauf? Die beiden hatten gemessen, dass das Licht ferner Galaxien ins Rote verschoben ist – genau wie der Ton einer Feuerwehrsirene tiefer klingt, wenn sich das Feuerwehrauto von uns entfernt. Die Galaxien scheinen sich von uns wegzubewegen, und zwar umso schneller, je weiter sie entfernt sind.

Infobox

Stephen Hawking

Der bekannteste Kosmologe unserer Zeit ist Stephen Hawking, der 1942 in Oxford geboren wurde. Unter Kollegen machte ihn die Entdeckung berühmt, dass Schwarze Löcher vielleicht doch Licht abstrahlen können. Weit über die Wissenschaft hinaus bekannt machten ihn seine Bücher, mit denen er Astrophysik jedermann zu erklären versuchte. 1963 wurde bei ihm ALS festgestellt, ein Nervenschwund, der ihn bald an den Rollstuhl fesselte. Trotzdem arbeitete Hawking als Professor für Mathematik – und hielt seine Vorlesungen mithilfe eines Sprachcomputers.

Dunkle Materie und Energie

Seltsamerweise scheinen sich die Galaxien langsamer von uns wegzubewegen als erwartet. Irgendetwas scheint sie zu bremsen – und die Anziehungskraft der sichtbaren Materie im All reicht dazu nicht aus. Kosmologen vermuten daher, dass es im All „Dunkle Materie" gibt, die man nicht sehen kann. Dunkle und sichtbare Materie machen zusammen etwa ein Viertel der Masse des Alls aus. Und der Rest? Er steckt vielleicht in der noch geheimnisvolleren „Dunklen Energie", die die Ausdehnung des Alls antreibt.

Verbirgt sich im All **„Dunkle Materie"**?

Urknall?

Dehnt sich das Weltall immer weiter aus? Oder stürzt es irgendwann wieder in sich zusammen? Hat es sich schon immer ausgedehnt? Ist es also mit einem Knall aus einer winzigen Blase entstanden? So ein „Urknall" sei doch eine absurde Vorstellung, fand der britische Astronom Fred Hoyle (1915–2001). Er machte sich über dieses Modell lustig und gab ihm dabei zugleich seinen Namen. Heutige Kosmologen sind anderer Meinung: Sie halten den Urknall für wahrscheinlich, besonders, seit am Nachthimmel ein schwaches Leuchten nachgewiesen wurde: die kosmische Hintergrundstrahlung. Sie wird als ein Überrest des Urknalls gedeutet. Wie das All sich aber in Zukunft entwickeln wird, darüber gibt es nur Spekulationen.

Aktivbox

Ameisen auf einem Luftballon

Das brauchst du: einen Luftballon, einen Folienstift. Zeichne Punkte („Ameisen") auf den Ballon und blase ihn dann langsam auf. Die Punkte entfernen sich allmählich voneinander. Ganz ähnlich funktioniert die Ausdehnung des Weltalls: Wie die Luftballonhaut dehnt sich der Raum aus, und egal, von welchem Punkt man ausgeht: Die umgebenden Punkte wandern von ihm mit der gleichen Geschwindigkeit weg.

Alter des Universums

Anhand der kosmischen Hintergrundstrahlung konnten Astronomen berechnen, dass das Weltall etwa 13,8 Mrd. Jahre alt ist – eine ungeheuer lange Zeit!

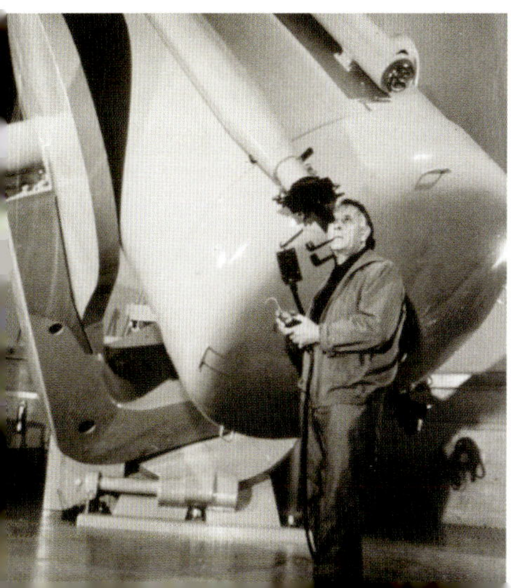

Edwin Hubble war der Mitentdecker der Rotverschiebung bei Sternen.

Atemberaubendes Schauspiel: Die Materie eines Roten Riesen (links) stürzt in einen Weißen Zwerg (rechts).

Das Leben von Sternen

Auch wenn sie friedlich am Himmel stehen, haben Sterne über die Jahrmilliarden hinweg ein bewegtes Leben: Sie wachsen und schrumpfen, werden heißer und kühlen ab. Wie das Leben eines Sternes verläuft, hängt davon ab, wie schwer er ist – und von seinen Nachbarn.

Ein Stern wird geboren

Neue Sterne entstehen aus Gaswolken, in denen in der Regel viele leichte Teilchen herumschwirren. Doch die Moleküle müssen die richtige Temperatur haben: Wenn sie zu heiß sind, können sie nicht verklumpen. Erst bei unglaublich kalten –260 °C sind sie langsam genug, dass die Schwerkraft, mit der sich die Moleküle gegenseitig anziehen, die Wolken langsam zu einem sogenannten Protostern zusammenziehen kann. Solche Sternen-Vorläufer sammeln immer mehr Material, bis in ihrem Inneren die Wasserstoffatome aus der Wolke zu Helium zu verschmelzen beginnen. Bei dieser „Kernfusion" wird sehr viel Energie frei. Der Stern beginnt durch die äußere Hülle aus Wasserstoff hindurch zu leuchten.

Rote Riesen

Entscheidend dafür, wie das Leben eines Sterns verläuft, ist sein Gewicht. Ist er etwa so groß wie unsere Sonne, dann wird nach einer Weile nicht nur in seinem Inneren Wasserstoff zu Helium verbrennen, sondern auch in der Hülle. Die dabei entstehende Hitze drückt zusammen mit der Hitze aus dem Kern des Sterns die Hülle immer weiter vom Kern weg. Es entsteht ein Riesenstern. Würde man einen solchen Stern an die Stelle der Sonne setzen, dann würde sein äußerer Rand leicht bis zur Erde reichen! Doch die Ausdehnung lässt die Hülle immer dünner werden. So kühlt sich der Stern zugleich langsam ab, wobei sich seine Farbe verändert: Er wird zu einem Roten Riesen.

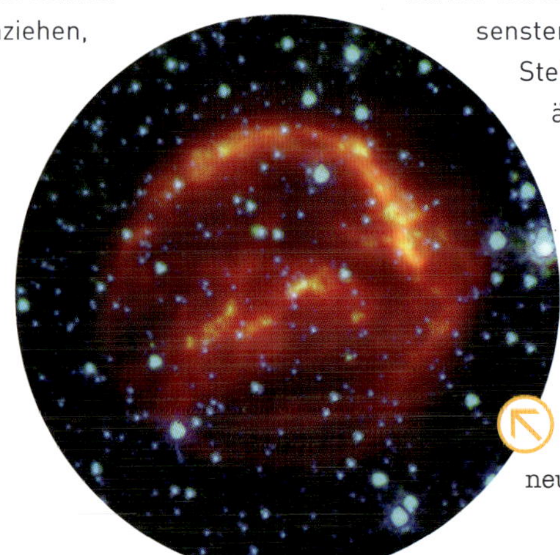

Wolken aus Gas sind das Baumaterial für neue Sterne.

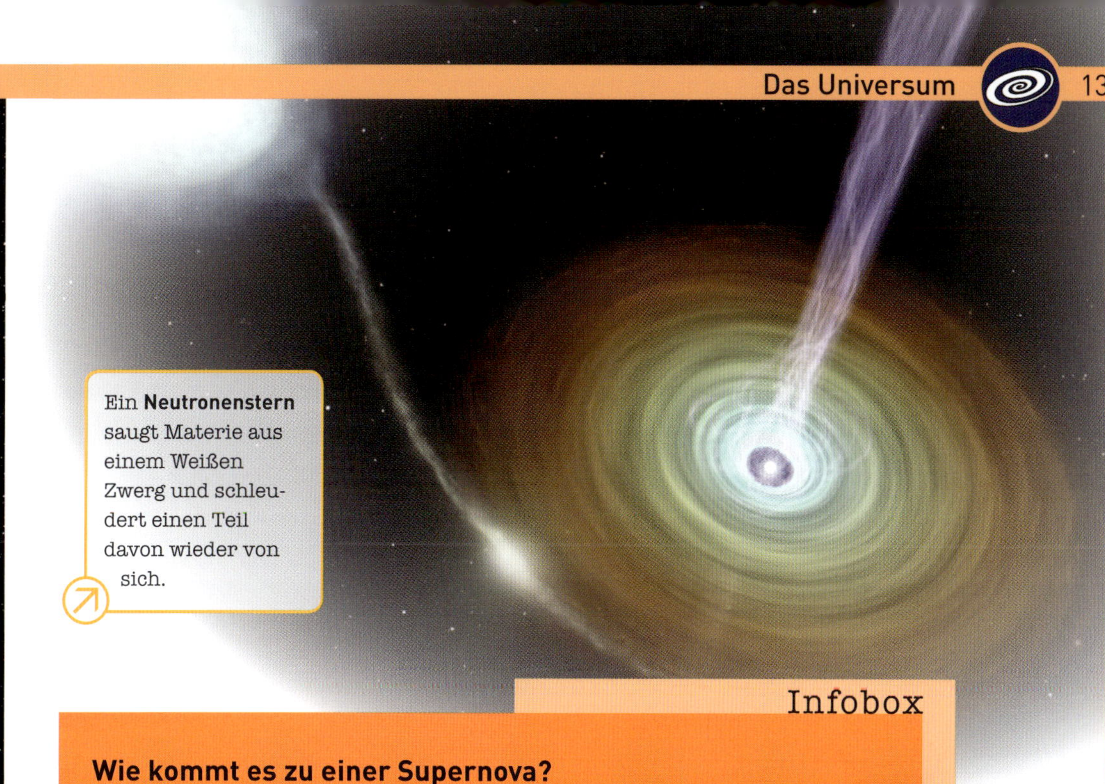

Ein **Neutronenstern** saugt Materie aus einem Weißen Zwerg und schleudert einen Teil davon wieder von sich.

Infobox

Wie kommt es zu einer Supernova?

Oft bilden ein Weißer Zwerg und ein Roter Riese ein ungleiches Paar, das einander umkreist: Der Zwerg saugt ständig Gas aus der Hülle des Riesen ab. Irgendwann hat er so stark zugenommen, dass er explodiert. Wie heftig die Supernova abläuft, hängt vom Zustand des Zwerges ab. Hat er bisher nur Helium verbrannt, bleibt von dem Sternsystem ein Neutronenstern übrig: Dunkel und kalt, nur 2–3 km klein und aus eng gepackten Neutronen bestehend. Hat der Zwerg schon Kohlenstoff zu noch schwereren Elementen verschmolzen, werden beide Doppelsterne ganz zerrissen und schicken Baumaterial für neue Sonnensysteme weit ins All hinaus.

Weiße Zwerge

Irgendwann wird die Wärmestrahlung im Inneren eines Roten Riesen zu schwach, um die Hülle auf Abstand zu halten. Der Stern fällt wieder in sich zusammen und bildet einen Weißen Zwerg, einen extrem dichten Stern: Ein Stück seiner Materie, so groß wie Stück Würfelzucker, würde auf der Erde 5 t wiegen! Die Materie ist so dicht zusammengepresst, dass nun auch das Helium im Kern verbrennen kann: zu Kohlenstoff. Das erzeugt einen erneuten Hitzeschub, der dazu führt, dass der Kern in unregelmäßigen Abständen Materie abstößt. Weil der Stern dabei ein paar Tage lang hell aufstrahlt, nennen Astronomen dies Heliumblitze (oder Novae). Die abgestoßenen Gase bilden rund um den Weißen Zwerg einen sogenannten Planetarischen Nebel, der in wundervollen Farben leuchten kann.

Wenn schwere Jungs explodieren

Wenn ein Stern etwa eineinhalb Mal so viel Masse besitzt wie unsere Sonne (oder sogar mehr), dann verläuft sein Leben noch spektakulärer. In diesen besonders schweren Fällen reißt eine einzige, gewaltige Nova besonders viel Materie in den Weltraum – man spricht dann von einer Supernova. Ein solches Ereignis kann so hell sein, dass man es sogar tagsüber am Himmel sieht. Das kommt nicht oft vor: Astronomen haben in den letzten 1000 Jahren nur vier Sternen beim Explodieren zugesehen; Überreste von Supernovae findet man dagegen viel öfter. Anhand dieser Reste unterscheidet man heute fünf und mehr Arten von Supernovae. Wenn ein Stern noch schwerer ist – mehr als 10-mal so schwer wie unsere Sonne –, kann er unter seinem eigenen Gewicht auch zusammenbrechen. Er fällt dann zu einem Schwarzen Loch zusammen.

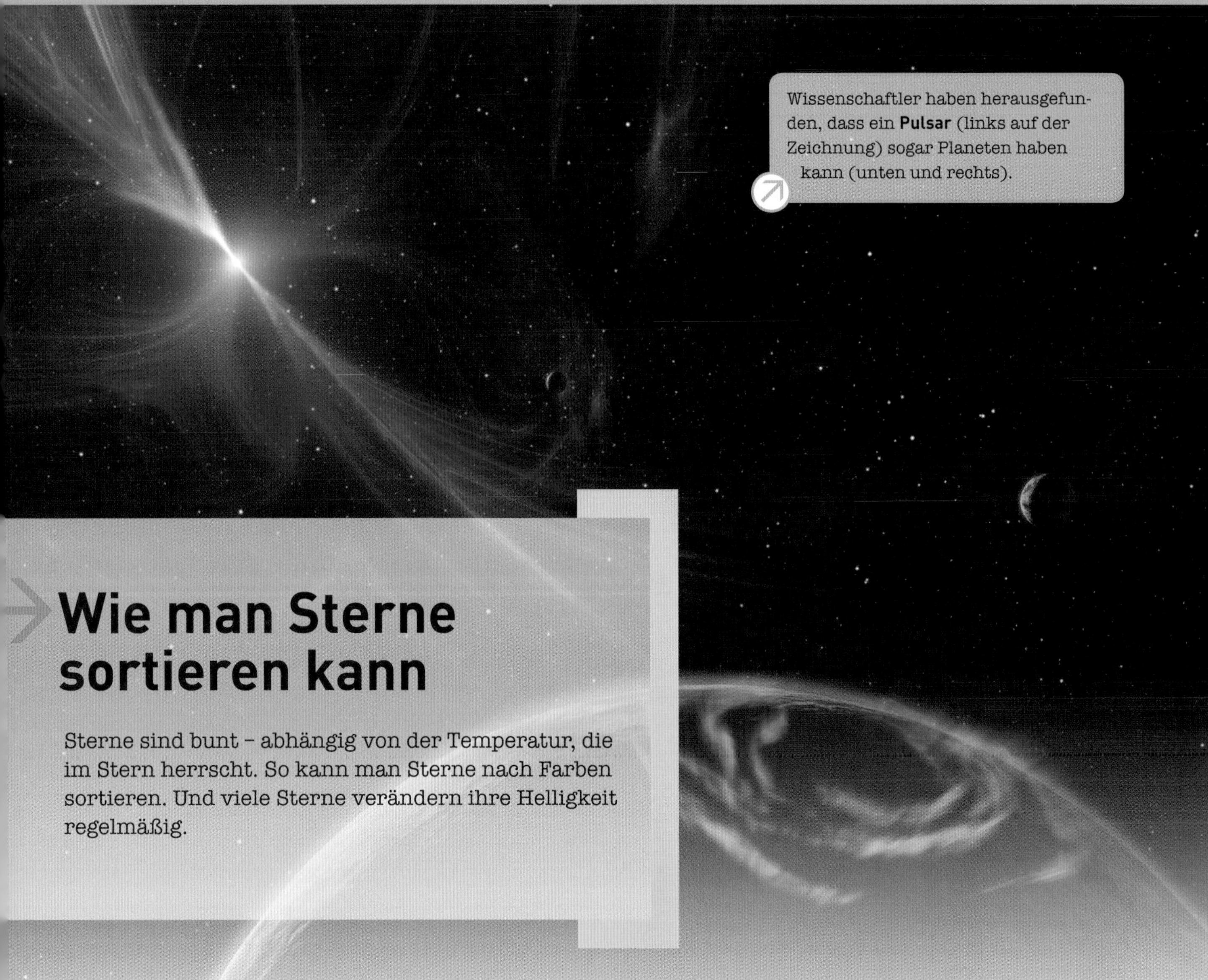

Wissenschaftler haben herausgefunden, dass ein **Pulsar** (links auf der Zeichnung) sogar Planeten haben kann (unten und rechts).

Wie man Sterne sortieren kann

Sterne sind bunt – abhängig von der Temperatur, die im Stern herrscht. So kann man Sterne nach Farben sortieren. Und viele Sterne verändern ihre Helligkeit regelmäßig.

Spektralklassen Schon in der Antike sortierte man Sterne nach ihrer Helligkeit. Heute interessiert man sich auch dafür, wie hell die einzelnen Farben im Licht des jeweiligen Sterns sind, denn das verrät, welche Elemente in dem Stern stecken und wie heiß der Stern insgesamt ist. Man spricht von Spektralklassen, die – von Blau bis Rot – mit den Großbuchstaben O, B, A, F, G, K, M bezeichnet werden. Amerikanische Studenten haben sich dafür einen Merkspruch ausgedacht: „Oh, be a fine girl. Kiss me!"

Aktivbox

Besondere Sterne entdecken

Der bekannteste Rote Riese ist der etwa 430 Lichtjahre von uns entfernte Stern Beteigeuze (arabisch für „Arm der Göttin"), der hellste Stern im Sternbild Orion, das du mithilfe einer Sternkarte leicht findest. Mit bloßem Auge kann man seine rötliche Färbung erkennen. Viel näher ist der bläuliche Sirius, der hellste Stern im Sternbild Hund; sein Licht ist nur knapp 9 Jahre unterwegs. Sirius ist eigentlich – wie rund 80 % aller Sterne – ein Doppelstern. Sein Partner ist ein Weißer Zwerg.

Das berühmteste Diagramm der Astronomie

Die Astronomen Eijnar Hertzsprung (1873–1967) und Henry Norris Russell (1877–1957) hatten beide die Idee, die Sterne nach ihrer Helligkeit und Spektralklasse in ein Diagramm einzutragen. So ließen sich die Sterne in kleine Grüppchen sortieren: Man kann im Hertzsprung-Russell-Diagramm leicht Weiße Zwerge, Rote Riesen und die vielen „normalen" Sterne der Hauptreihe unterscheiden – und die Lebensgeschichte von Sternen verfolgen.

Das Hertzsprung-Russell-Diagramm

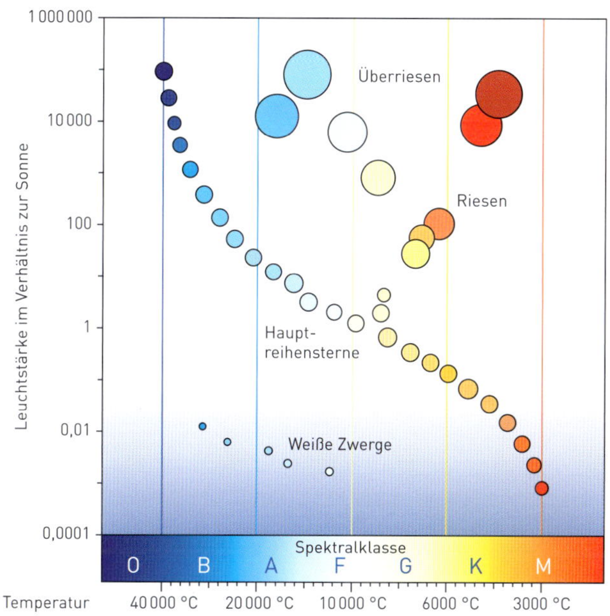

Sortiert man Sterne nach **Spektralklasse** und **Helligkeit**, ergibt sich eine übersichtliche Ordnung.

Veränderliche

Beteigeuze ist einer von rund 30 000 Sternen, die als „Veränderliche" bekannt sind. Sterne verändern ihre Helligkeit aus ganz unterschiedlichen Gründen. Manchmal kreist ein anderes Objekt – ein Stern, eine Wolke aus dunklem Gas oder ein Planet – um ihn und verdeckt ihn zeitweise, oder der Stern wird dadurch immer wieder so verformt, dass er von uns aus mal kleiner und mal größer – und damit mal heller und mal dunkler – aussieht. Manche Veränderliche wachsen und schrumpfen sogar in mehr oder minder regelmäßigen Abständen – und niemand weiß, warum.

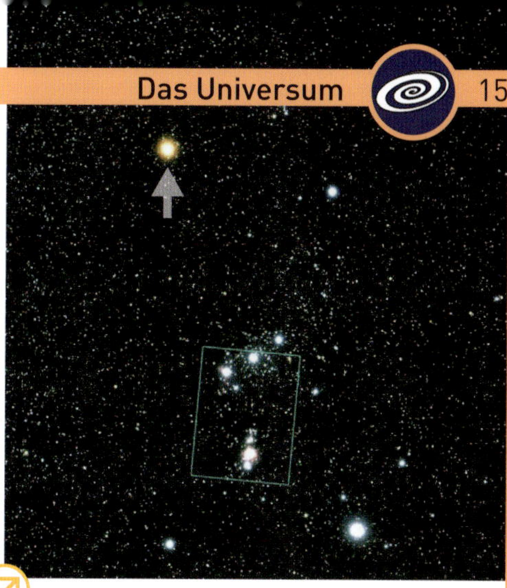

Beteigeuze (links oben) im Orion

Veränderliche am Himmel

Abhängig davon, wie sich ihre Helligkeit verändert, sortiert man die Veränderlichen in verschiedene Klassen ein. Zu den berühmtesten gehören die Cepheiden und Sterne vom Typ RR Lyra, die man im Sternbild Lyra (Leier) fand. Besonders die RR-Lyra-Sterne stellen die Astronomen vor Rätsel: Ihre Helligkeit schwankt in einem komplizierten Rhythmus innerhalb weniger Stunden. Einen anderen Veränderlichen kann man im Herbst sogar mit dem bloßen Auge sehen: Algol, der „Teufelsstern", wie ihn die Araber nannten, ist der zweithellste Stern im Sternbild Perseus. Seine Helligkeit schwankt in knapp drei Tagen, weil er einen dunkleren (und unsichtbaren) Partnerstern besitzt, der ihn immer wieder verdeckt.

Infobox

Pulsare: Veränderliche in anderem Licht betrachtet

1967 entdeckte die Astronomin Jocelyn Bell (geb. 1943) an einem Radioteleskop in Cambridge etwas Seltsames: Manche Sterne schienen in regelmäßigen Abständen Funkwellen auszusenden. Zunächst dachte sie, vorbeifahrende Autos hätten ihre Messung gestört, doch tatsächlich hatte Bell Pulsare entdeckt: Sterne, die in kurzen Abständen „Funkwellenblitze" aussenden. Heute kennt man rund 2000 Pulsare. Es wird vermutet, dass es sich um Neutronensterne handelt, die wie Leuchttürme Strahlenbündel aus Radiowellen aussenden und dabei rotieren. Immer, wenn der Strahl die Erde überstreicht, sehen wir einen „Blitz".

Galaxien, hier die 60 Mio. Lichtjahre entfernte NGC 1672, bestehen aus Milliarden Sternen.

Seltsame Nebel

Lange waren sich Astronomen uneins, wie sie die verschwommenen Fleckchen deuten sollten, die sie im Teleskop entdeckten. Sahen sie hier Sterne? Oder nur Vorstufen von Sternen? Der Einfachheit halber nannten sie die Flecken Nebel – weil sie genauso aussahen.

Große Unterschiede Dank besserer Teleskope fand man heraus, dass viele dieser Flecken aus Milliarden von Sternen bestehen. Diese „Sterneninseln" nannte man dann Galaxien. Im Unterschied dazu werden nebelartige Materieansammlungen im All, die entweder so heiß sind, dass sie selbst leuchten, oder die von außen zum Leuchten angeregt werden, weiter als Nebel bezeichnet.

Galaxien sortieren Edwin Hubble war der erste Astronom, der sich daran machte, die über 100 Mrd. sichtbaren Galaxien systematisch zu sortieren. Er teilte sie in vier Klassen ein: Galaxien, die mehr oder wenig kugelförmig sind (Ellipsoide), spiralförmige Galaxien, die ein bisschen aussehen wie Seesterne mit verdrehten Armen, und solche Spiralgalaxien, die in der Mitte noch einen geraden Arm, einen „Balken" besitzen. In die vierte Klasse packte Hubble alle Galaxien, die ihm seltsam erschienen (Irreguläre). Der Astronom glaubte, dass sich Spiral- oder Balkenspiralgalaxien aus elliptischen Galaxien entwickeln: Zieht man eine Ellipse auseinander, dann bilden sich Arme. Doch moderne Experimente am Computer zeigen, dass vermutlich das Gegenteil richtig ist: Elliptische Galaxien entstehen wohl dann, wenn zwei Galaxien zusammenstoßen.

Arten von Galaxien

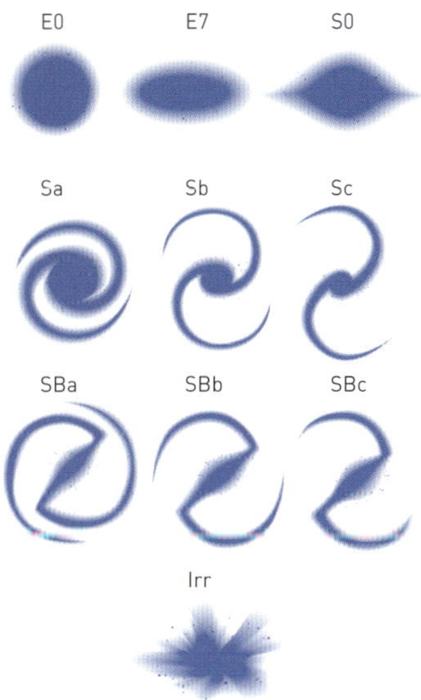

Sortierte Galaxien: E steht für elliptische Galaxien, S für Spiralen, SB für Balkenspiralen und Irr für Irreguläre. Die weiteren Zahlen und Buchstaben sortieren die Galaxien noch genauer.

Ein Mitglied des **„Zoos der Galaxien“.**

Infobox

Ein Zoo aus Galaxien

2007 gründete eine Gruppe von Astronomen den „Zoo der Galaxien“ (www.galaxyzoo.org), denn sie hatte ein Problem: Nur Menschen können die Form einer Galaxie auf Fotos richtig erkennen, Computer haben dabei Schwierigkeiten. Die Astronomen baten daher die Besucher ihrer Website um Mithilfe: Sie stellten 1 Mio. Bilder von Galaxien ins Internet, die ein Roboterteleskop automatisch fotografiert hatte. Die Besucher sollten angeben, ob es sich um eine Spiralgalaxie handelte und in welche Richtung sie sich dreht. In kurzer Zeit entstand damit die weltweit größte Galaxien-Datenbank. Die Forscher entdeckten so, dass Galaxien, die rot erscheinen, keineswegs immer elliptisch sind, wie sie zuvor gedacht hatten – oft sind es auch Spiralgalaxien. Und die Besucher entdeckten manchmal Neues auf den Fotos, z.B. ein geheimnisvolles, „Hanny's Voorwerp“ getauftes Objekt, groß wie eine Galaxie, von dem zunächst niemand wusste, was es war.

Ein Schwarzes Loch in der Mitte

Wissenschaftler sind sich heute einig: In der Mitte fast jeder Galaxie befindet sich ein gewaltiges Schwarzes Loch, dessen Schwerkraft die vielen Milliarden Sterne anzieht. Das weiß man auch deshalb, weil die Materie, die ins Schwarze Loch stürzt, dabei beschleunigt wird und daher mit Teleskopen messbares Röntgenlicht und Gammastrahlung abgibt – manchmal wird das der „Todesschrei der Materie“ genannt.

Emissions- und Gasnebel

Heute werden nur noch solche Objekte Nebel genannt, die nicht klar abzugrenzen sind, nur schwach leuchten und im Gegensatz zu Galaxien keine Sterne enthalten. Viele Nebel sind Wolken aus Materie und Gasen, die von einem Stern in ihrer Mitte beleuchtet werden – oft ist es ein Weißer Zwerg, der die Materie in einer Nova oder Supernova von sich weggeschleudert hat. Der wohl berühmteste Nebel dieser Art ist der Ringnebel im Sternbild Lyra (Leier), der vor rund 20 000 Jahren von einem Weißen Zwerg abgestoßen wurde. Auch ein anderer berühmter Nebel enthält einen Weißen Zwerg: Der Hantelnebel im Sternbild Vulpecula („Füchschen“), den man gerade nicht mehr mit dem bloßen Auge sehen kann. Mit dem Feldstecher lässt er sich aber durchaus entdecken.

Der **Hantelnebel** auf einem Foto des Hubble-Weltraumteleskops.

Die Milchstraße

Schon die Menschen in der Antike kannten die Milchstraße. Heute weiß man mehr über dieses gewaltige Band aus Sternen am Nachthimmel – trotzdem stellt sie die Astronomen immer noch vor Rätsel und Herausforderungen.

Milliarden von Sternen

Schon Galileo Galilei (1564–1642) erkannte, dass das weißlich schimmernde Band, das sich fast um den ganzen Nachthimmel windet, nur so aussieht, als bestünde es aus Milch. In Wirklichkeit besteht es aus unzähligen Sternen, Sternhaufen und Materie. Man geht heute davon aus, dass die Milchstraße rund 100 Mrd. Sterne enthält – und einer von ihnen ist die Sonne. Würde man jede Sekunde einen Stern zählen, und zwar 24 Stunden täglich, dann hätte man sie erst in mehr als 3000 Jahren alle durch. Das war Galilei nicht klar – und er ahnte auch nicht, dass die Milchstraße die Erde beheimatet.

Milch am Himmel? Die Bezeichnung Milchstraße lässt sich bis in die altgriechische Sagenwelt verfolgen: Zeus hatte seinen Sohn Herakles an der Brust der Göttin Hera saugen lassen, während jene schlief. Als sie erwachte, stieß sie erschrocken das Baby von sich – und ein Strahl Milch spritzte an den Himmel … Milch heißt auf altgriechisch *gala*, und so nennt man die Milchstraße noch heute auch „Galaxis".

Auch der **Dreiecksnebel** gehört zur „Lokalen Gruppe".

Die vielen Sterne der **Milchstraße** bilden ein helles Band am Himmel. Dieses Bild zeigt das Zentrum der Galaxis im Infrarotlicht.

Die Milchstraße

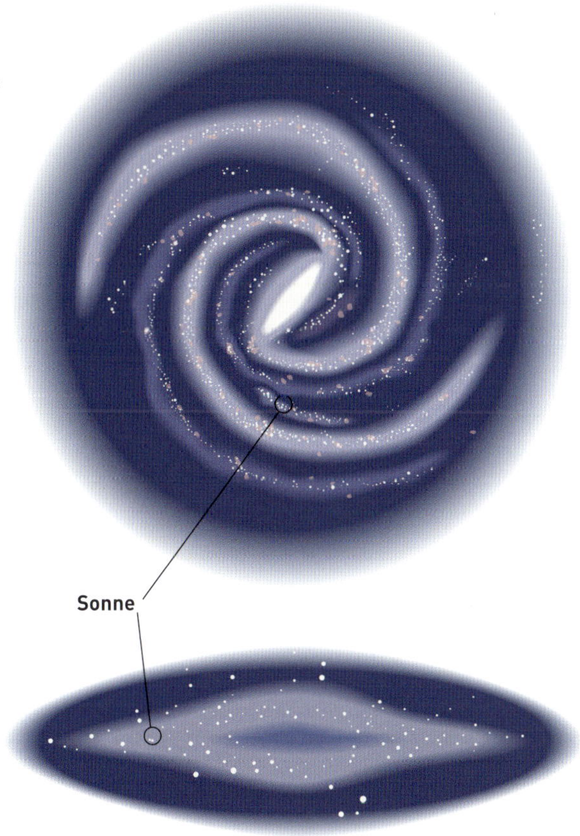

Spiralgalaxie

Die Galaxis (unsere Milchstraße) ist eine Balkenspiralgalaxie. Man vermutet heute, dass sie zwei große und einige kleinere Arme sowie einen Balken in der Mitte besitzt. Die Sonne der Erde befindet sich etwa auf halber Strecke zwischen Zentrum und dem äußersten Rand. Würde man die Galaxis aus großer Entfernung von oben betrachten, sähe sie vermutlich ähnlich aus wie unsere Nachbargalaxie im Sternbild Andromeda (Andromedagalaxie).

Aufbau der Galaxis

Auch in der Mitte der Galaxis steckt ein Schwarzes Loch, um das die Sterne herumstrudeln. Die Umgebung dieses Schwarzen Loches ist von der Erde aus nicht zu sehen, weil sie hinter dunklen Staubwolken im Sternbild Schütze verborgen ist. Die meisten Sterne in der Milchstraße befinden sich in einer Ebene, der sogenannten „Galaktischen Scheibe", die aussieht wie ein großer Pfannkuchen mit einer Beule in der Mitte. Die Galaktische Scheibe ist zwar riesig – Licht braucht 100 000 Jahre, um vom einem zum anderen Ende zu gelangen –, doch im Größenvergleich mit anderen Galaxien liegt die Galaxis im Mittelfeld. Um die Scheibe herum, in der sogenannten „Halo", befinden sich ein paar ältere Sterne und vermutlich viel Dunkle Materie.

Infobox

Die Lokale Gruppe

Zusammen mit dem etwas größeren Andromedanebel M31, dem Dreiecksnebel M33 und ein paar kleineren Sternhaufen bildet die Milchstraße die „Lokale Gruppe". Obwohl unvorstellbare Entfernungen zwischen den Galaxien liegen, glauben Astronomen, dass sich die Sterne der Lokalen Gruppe gegenseitig durch ihre Schwerkraft anziehen. Sehr, sehr langsam bewegen sie sich aufeinander zu – und werden in vielen Milliarden Jahren miteinander verschmelzen.

Millionen Schwarze Löcher

Lange Zeit kannten Astronomen nur das Schwarze Loch im Zentrum der Milchstraße: Die Materie, die es in sich saugt, strahlt helles Röntgenlicht ab. Doch bei genauerer Betrachtung glimmt fast überall in der Galaxis Röntgenlicht. Diese Entdeckung ließ die Astronomen rätseln, denn auch bei Supernova-Explosionen entsteht viel Röntgenlicht. Aber gab es tatsächlich Millionen Sternexplosionen in der Milchstraße? Die Forscher zweifelten. Sie nahmen die Röntgenquellen genau unter die Lupe – und entdeckten dabei Millionen Schwarzer Löcher, die wohl aus Doppelsternen entstanden sind: Ein normaler Stern umkreist einen Weißen Zwerg, der dem Stern ständig Materie entreißt. Irgendwann ist der Weiße Zwerg so schwer, dass er zum Schwarzen Loch wird. Dessen Schwerkraft beschleunigt die Materie so stark, dass die Röntgenlicht abstrahlt.

Viele Sonnen, viele Welten?

Jeder Stern am Himmel ist eine Sonne. Und genau wie unsere Sonne werden viele Sterne von Planeten umkreist. Weil diese Planeten nicht selbst leuchten, müssen Astronomen in die Trickkiste greifen, um sie zu finden.

So könnte ein **Gasriese** in einem fernen Sonnensystem aussehen.

Exoplaneten Extrasolare Planeten – meist kurz „Exoplaneten" genannt – sind Planeten außerhalb unseres Sonnensystems. Die ersten Exoplaneten wurden 1992 in der Nähe des Neutronensterns PSR 1257+12 entdeckt. Sie sind vermutlich eisige, steinige Wüsten, über die Radiostürme ihrer Sonne jagen. Doch fast jeden Tag finden die Forscher andere, neue Exoplaneten.

Planeten im Vorbeiflug entdecken Planeten leuchten nicht selbst. Und weil Exoplaneten so unvorstellbar weit entfernt sind, reicht das Licht des Sternes, den sie umkreisen, nur ganz selten dazu aus, dass sie im Teleskop erkennbar werden. Wie findet man Exoplaneten dann? Astronomen suchen z. B. gezielt nach Sternen, deren Helligkeit sich in regelmäßigen Abständen verändert. Wenn der Stern ein bisschen dunkler wird, dann hat sich nämlich vielleicht ein Planet vor den Stern geschoben. Aus der Veränderung der Helligkeit und daraus, wie oft das geschieht, kann man das Gewicht und die Größe des Planeten abschätzen. Und das sagt den Astronomen wiederum, aus welchem Material der Exoplanet vermutlich besteht – ob es sich um einen Gasriesen wie Jupiter oder einen steinigen Planeten wie die Erde handelt.

Viele Astronomen suchen gezielt nach **Exoplaneten**.

Das Sonnensystem von Gliese 581

Der Vergleich zeigt, wie stark sich unser Sonnensystem und das von **Gliese 581** unterscheiden.

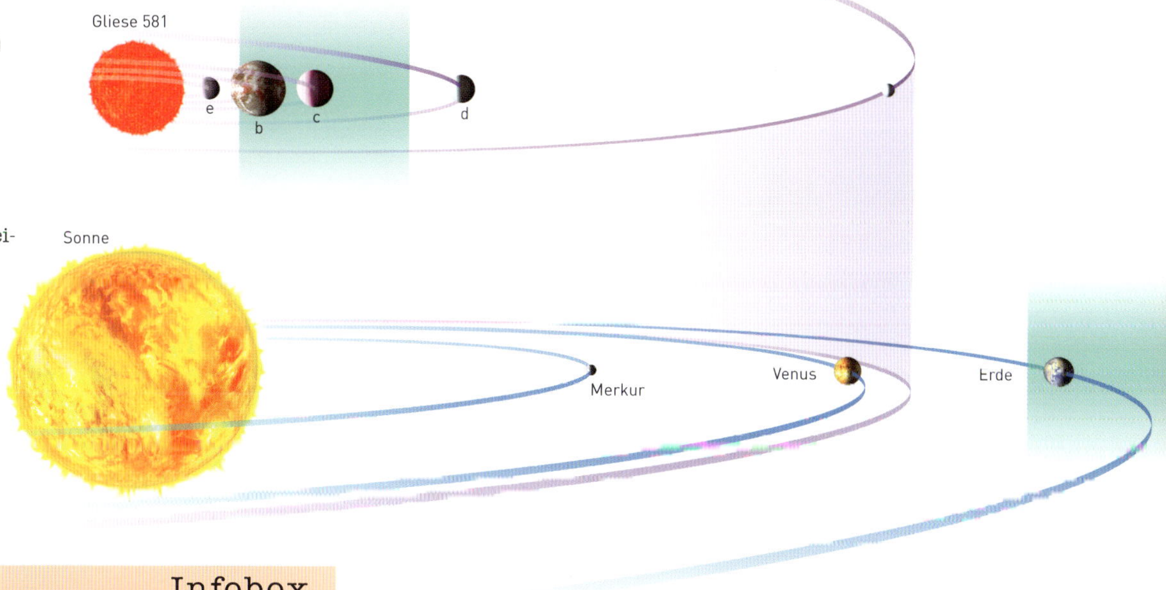

Infobox

Die ferne Sonne Gliese 581

Als eine Fundgrube für Exoplaneten hat sich der Stern Gliese 581 im Sternbild Waage entpuppt: Gleich mehrere Planeten umkreisen den Roten Zwerg. Der leichteste von ihnen ist Gliese 581 e. Er ist einer der leichtesten uns bekannten Exoplaneten, nur knapp doppelt so schwer wie die Erde. Ein Jahr ist kurz auf Gliese 581 e: In nur drei Erdtagen jagt er einmal um Gliese 581 herum. Vermutlich hat der Exoplanet auch eine steinige Oberfläche wie die Erde – aber angenehm ist der Aufenthalt dort sicher nicht: Der Boden dürfte glühend heiß sein und vielleicht sogar aus Lava bestehen, denn Gliese 581 e umkreist den Roten Zwerg Gliese 581 in ziemlich engem Abstand.

Wie sehen Exoplaneten aus?

Je größer und schwerer ein Exoplanet ist, desto besser fällt er am Himmel auf. Kein Wunder, dass die meisten bekannten Exoplaneten gigantisch sind, viele Male größer und schwerer als die Erde. Sie sehen eher aus wie Jupiter oder Uranus – gewaltige Kugeln, die vor allem aus Wasserstoff und Helium bestehen.

Die meisten bisher entdeckten **Exoplaneten** sind riesige Gasplaneten.

Planeten wackeln an Sternen

Fast drei Viertel aller bekannten Exoplaneten wurden dank ihrer Schwerkraft entdeckt: Diese zieht an dem zentralen Stern, um den die Planeten kreisen. Der Stern kommt uns deshalb in regelmäßigen Abständen etwas entgegen und bewegt sich dann wieder von uns weg. Dadurch wird sein Licht erst etwas ins Blaue verschoben, dann etwas ins Rote – und das können Astronomen messen. Selbst, wenn der Stern sich so langsam auf uns zu oder von uns weg bewegt wie ein ganz normaler Spaziergänger, können neueste Instrumente diese Bewegung noch registrieren!

Exoplanetares Leben? Könnten auf Exoplaneten Aliens leben? Niemand weiß es sicher. Doch Forscher gehen davon aus, dass einiges nötig ist, damit sich Leben entwickeln kann: Auf einem Planeten sollte z. B. flüssiges Wasser vorkommen. Die meisten Astronomen halten es für unwahrscheinlich, dass sich in Lava, gefrorenem Boden oder gar in der heißen Hölle eines Gasriesen Leben entwickeln kann. Kein Wunder, dass die Wissenschaftler bisher keine Anzeichen für Leben auf Exoplaneten finden konnten.

Viele **Schwarze Löcher** saugen ständig Materie an und können dadurch entdeckt werden.

Schwarze Löcher

Ist ein Stern sehr schwer, dann kann ihn seine eigene Schwerkraft „erdrücken“: Innerhalb von Sekundenbruchteilen fällt er zu einem Schwarzen Loch zusammen – und bereitet damit Physikern immer noch ganz schön Kopfzerbrechen.

Was ist ein Schwarzes Loch?

Ein Schwarzes Loch ist wohl das Seltsamste, was die Natur zu bieten hat: Ein Stern, der unter seinem eigenen Gewicht zu einem winzigen Punkt zusammengefallen ist. Selbst Astrophysikern fällt es schwer, sich das vorzustellen. Lange stritten sie, ob es Schwarze Löcher wirklich geben könne: Seltsame schwarze Sterne, die keine Oberfläche besitzen, aber einen Rand. Alles, was über diesen Rand gerät, wird mit Lichtgeschwindigkeit ins Loch geschlürft – sogar das Licht selbst. Der Rand ist bei einem Loch, das 10-mal so schwer ist wie unsere Sonne, nur etwa 30 km vom Zentrum entfernt. Was dahinter liegt, weiß man nicht.

Im Zentrum der **Milchstraße** verbirgt sich ein besonders großes Schwarzes Loch – Dunkelwolken verhindern aber, dass man dessen Auswirkungen beobachten kann.

Schwarze Sonnen, die Materie schlürfen

Schwarze Löcher sind keine Monster, die Sterne jagen. Tatsächlich können sie wie schwarze Sonnen von anderen Sternen oder Planeten umkreist werden. Solche stabilen Sonnensysteme wären in einem Teleskop kaum zu entdecken. Zum Glück gibt es aber viele Schwarze Löcher, in die ständig etwas hineinfällt, z. B., weil sie einen nahen Nachbarstern besitzen, von dem sie Materie absaugen. Diese Materie wird beim Fallen immer schneller und schneller, erhitzt sich dabei und leuchtet schließlich im Röntgenlicht auf – was man von der Erde aus tatsächlich beobachten kann. Der Nachbarstern selbst macht sich in der Regel nur indirekt bemerkbar, nämlich, wenn er das Schwarze Loch verdeckt. Dann „blinkt“ das Röntgenlicht.

Manche Schwarzen Löcher rotieren und **verbiegen** den sie umgebenden Raum.

Infobox

Wellen im Raum schlagen

Wenn ein großer Stern oder ein anderes Schwarzes Loch in ein Schwarzes Loch fällt, dann wackelt das Universum – behauptet die Relativitätstheorie. Wie ein Stein, der in einen See geworfen wird, das Wasser plätschern lässt, lässt ein solches Ereignis den Raum schwingen. Allerdings reicht der Zusammenstoß zweier Schwarzer Löcher nicht aus, um den Schrank zum Zittern zu bringen: Astrophysiker haben ausgerechnet, dass mit viel Glück ein Fußballfeld um den Bruchteil einer Haaresbreite verkürzt und verlängert wird. Immerhin: Das versuchen sie in sogenannten Gravitationswellen-Experimenten zu messen. 2015 gelang der erste Nachweis.

Schwarze Löcher verbiegen Lichtstrahlen

Große Massen verbiegen den Raum, sagt Albert Einsteins Relativitätstheorie – und Schwarze Löcher sind wirklich große Massen. Das hat seltsame Folgen: Lichtstrahlen, die an einem Schwarzen Loch vorbeikommen, werden verbogen. Und tatsächlich kann man das an einigen Stellen am Sternenhimmel beobachten. Dazu vergleicht man Fotos, die mit Teleskopen auf der Erde gemacht wurden, mit den entsprechenden Aufnahmen von Weltraumteleskopen. Mit viel Glück findet man einen Stern, der von der Erde aus *hinter* einem Schwarzen Loch steht, vom Weltall aus aber *daneben*. Wenn man den Stern trotzdem von der Erde aus sehen kann, dann nur deshalb, weil sein Licht verbogen am (ansonsten unsichtbaren) Schwarzen Licht vorbeigeführt wird.

Wie Schwarze Löcher Licht verbiegen

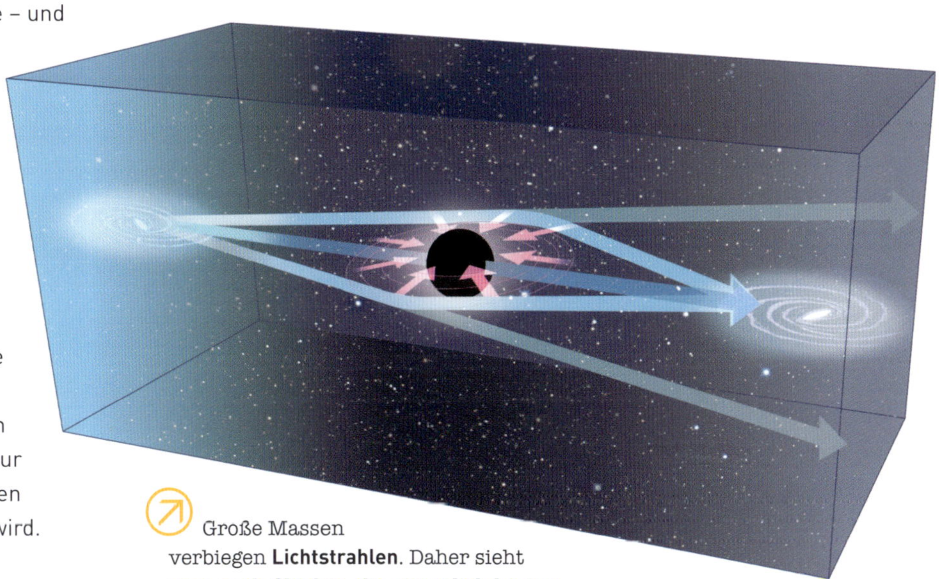

Große Massen verbiegen **Lichtstrahlen**. Daher sieht man auch Objekte, die eigentlich hinter einem Schwarzen Loch stehen.

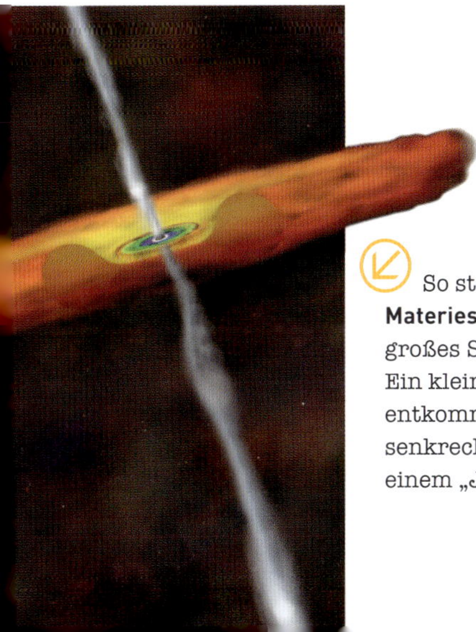

So stellt man sich die **Materiescheibe** um ein großes Schwarzes Loch vor. Ein kleiner Teil der Materie entkommt in einem Strahl senkrecht zur Scheibe, einem „Jet“.

Kopfzerbrechen für die Physiker

Schwarze Löcher stecken voller Rätsel. Das beginnt damit, dass man sie nur indirekt beobachten kann. Das Loch selbst verrät keine Geheimnisse. Oder doch? 1970 entdeckte der Astrophysiker Stephen Hawking nämlich etwas Seltsames: Der Theorie nach können Schwarze Löcher durchaus Licht aussenden – allerdings extrem wenig: Das ganze Schwarze Loch gibt nur einen winzigen Bruchteil des Lichtes einer sehr schwach leuchtenden Fahrradbirne ab! Weil das Weltall aber so alt ist, kann es sein, dass kleine Schwarze Löcher aus der Frühzeit des Universums schon verdampft sind. Ob das stimmt, weiß noch niemand.

Quizfragen

1 Welche Begriffe gehören jeweils zusammen?

a) Spektrum
b) Stern
c) Masse
d) Kernfusion
e) Farben
f) Gewicht

2 Welcher der folgenden Begriffe gehört nicht dazu?

a) Nova
b) Weißer Zwerg
c) Nebel
d) Mond

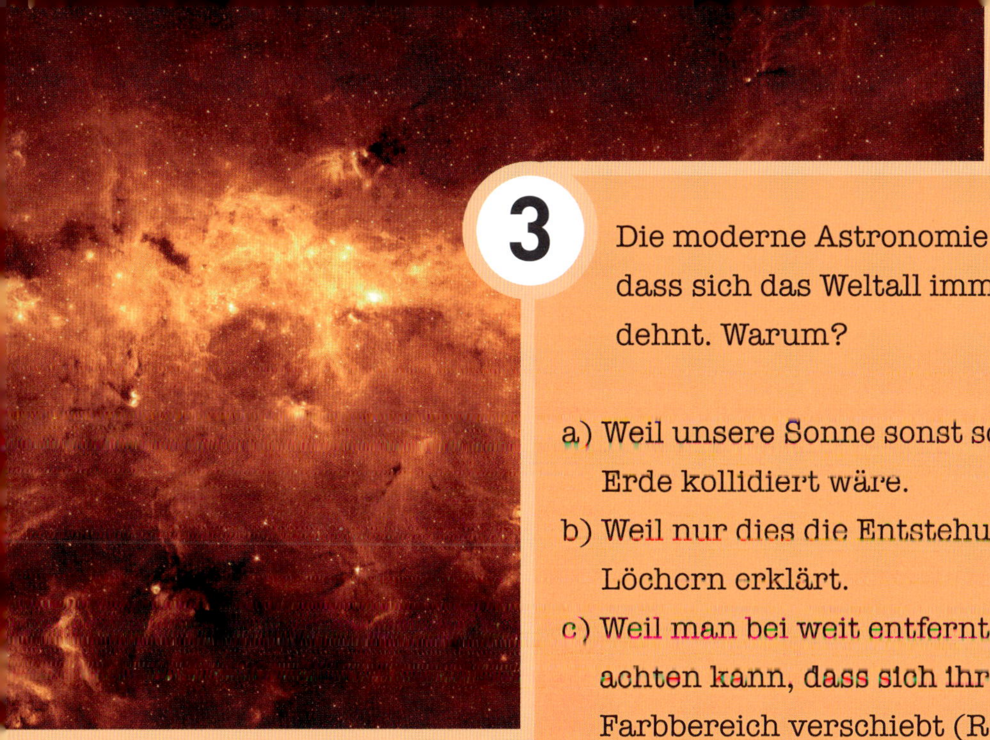

3 Die moderne Astronomie geht davon aus, dass sich das Weltall immer weiter ausdehnt. Warum?

a) Weil unsere Sonne sonst schon längst mit der Erde kollidiert wäre.
b) Weil nur dies die Entstehung von Schwarzen Löchern erklärt.
c) Weil man bei weit entfernten Galaxien beobachten kann, dass sich ihr Licht in den roten Farbbereich verschiebt (Rotverschiebung).

4 Was ist ein Hinweis auf ein Schwarzes Loch?

a) Röntgenlicht, das die Materie abgibt, die in das Schwarze Loch gesogen wird.
b) Die kosmische Hintergrundstrahlung.
c) Wenn ein Pulsar blinkt.

5 Was sind Exoplaneten?

a) besonders leichte Planeten
b) Planeten außerhalb unseres Sonnensystems
c) Planeten, auf denen irgendeine Art von Leben vorkommt

Vulkanausbrüche befördern flüssiges Gestein nach oben.

Das Innere der Erde

In Anbetracht der Entfernungen im All haben sich die Menschen bislang lächerlich wenig von ihrem Mutterschiff Erde wegbewegt. Die Erde dient ihnen als Forschungs- und Experimentierfeld Nummer eins: An ihr lernen Astronomen vieles, was auch auf ferne Planeten zutreffen könnte.

Die Fußbodenheizung der Erde

Im Lauf der Entstehung der Erde sanken die schweren Elemente ins Erdinnere hinab – das ist auch der Grund dafür, dass der Erdkern so schwer ist. Dabei wurde auch Wärme frei, und die heizt – zusammen mit der Wärme, die aus der Frühzeit der Erde noch im Innern der Erde steckt – Mantel und Kruste von unten. Man nimmt an, dass das Innere etwa 7000 °C heiß ist. Zudem zerfallen im Erdinneren ständig schwere, radioaktive Elemente. Wir leben sozusagen auf einem Atomreaktor, geschützt durch eine kilometerdicke Schicht von Gestein!

Beim **KTB** bohrte man ca. 9 km tief.

Infobox

Ein Pieks in der Erdkruste

Das tiefste Loch, das Menschen bisher in die Erdkruste gebohrt haben (1970–1989), befindet sich auf der russischen Halbinsel Kola und reicht 12 262 m in die Erde hinab. Wäre die Erde ein Fußball, dann hätten die Forscher gerade mal 0,7 mm tief gebohrt! Von 1987 bis 1995 bohrte man auch in Deutschland in die Tiefe. In Windischeschenbach erreichte man damals beim Kontinentalen Tiefbohrprogramm (KTB) schließlich immerhin über 9100 m, dann wurde das Gestein zu heiß und die Bohrung gestoppt.

Die ältesten Steine der Erde

Die Erde ist vor rund 4,6 Mrd. Jahren entstanden. Einige Hundert Millionen Jahre lang war sie glutflüssig. Die ältesten Beispiele für feste Steine haben sich vor 4,4 Mrd. Jahren gebildet. Man hat sie in Westaustralien (Foto rechts) gefunden: Wenige Tausendstel Millimeter große Kristalle, sogenannte Zirkone. Ihr Alter konnte man anhand ihres Uran-Gehaltes bestimmen.

So ist die Erde aufgebaut

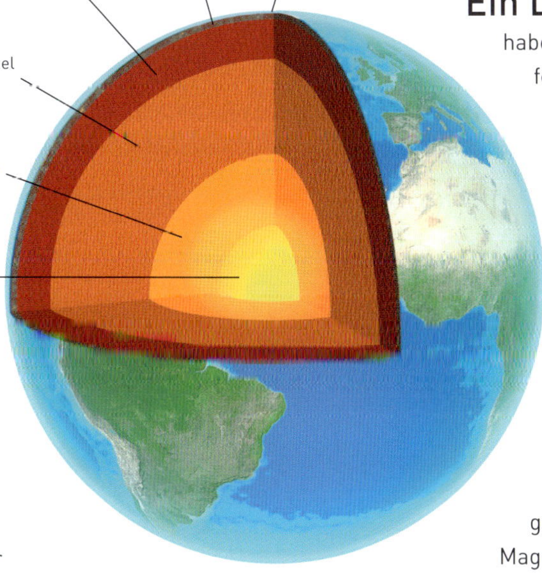

Glatter als eine Billardkugel

Die Erde ist aufgebaut wie eine Zwiebel: Sie hat eine Kruste, die unter Land 35–70 km und unter Ozeanen 5–10 km dick ist. Darunter liegt der Erdmantel von etwa 2900 km Dicke. Es folgen der zähflüssige äußere Kern und ein fester innerer Kern aus Eisen und Nickel (zusammen ca. 3400 km). Die höchsten Berge ragen beinahe 9 km in die Höhe, und an den tiefsten Stellen sind die Ozeane 10 km tief. Damit schwankt die Höhe der Oberflächenmerkmale der Erde nur um etwa ein Sechshundertstel des Durchmessers. Hätte die Erde einen Durchmesser von etwa 6 cm, dann wäre sie etwa so groß wie eine Billardkugel – aber viel glatter!

Woher kennt man den Aufbau der Erde?

Geoforscher gehen in dieser Frage wie Detektive vor. Aus der Bewegung der Erde im All kann man berechnen, wie schwer sie ist – und sie ist zu schwer, um nur aus Krustenmaterial zu bestehen. Also muss das Innere der Erde viel dichter als die Kruste sein. Eine Hilfe sind den Forschern auch Erdbeben: Aus der Art und Geschwindigkeit, wie sich die Erdbebenwellen ausbreiten, lernen sie, wie die Erde im Inneren aufgebaut ist. Mit dieser Methode hat man z. B. auch das Innere des Mondes untersucht, indem man registrierte, wie sich die Erschütterungen von Meteoriteneinschlägen in ihm ausbreiten.

Ein Dynamo im Erdinneren

Warum haben so viele Planeten und Sterne ein Magnetfeld? Über Jahrhunderte hinweg war das ein Rätsel. 1998 machte sich ein Team von Wissenschaftlern daran, dieses Rätsel zu lösen. Sie gründeten das „Von-Karman Sodium"-Konsortium. Von Karman war ein Mathematiker, der sich mit Strömungen beschäftigt hat, und Sodium ist das englische Wort für Natrium. Die Wissenschaftler schütteten nämlich flüssiges Natrium in Behälter und rührten es mit Spezialmixern um. So ergaben sich verschiedene Strömungen – und erstaunlicherweise kleine Magnetfelder. Vermutlich erzeugen Wärmeströmungen in der glutflüssigen Magma im Erdinneren das Magnetfeld der Erde und ganz ähnlich Strömungen im Wasserstoffplasma der Sonne deren Magnetfeld.

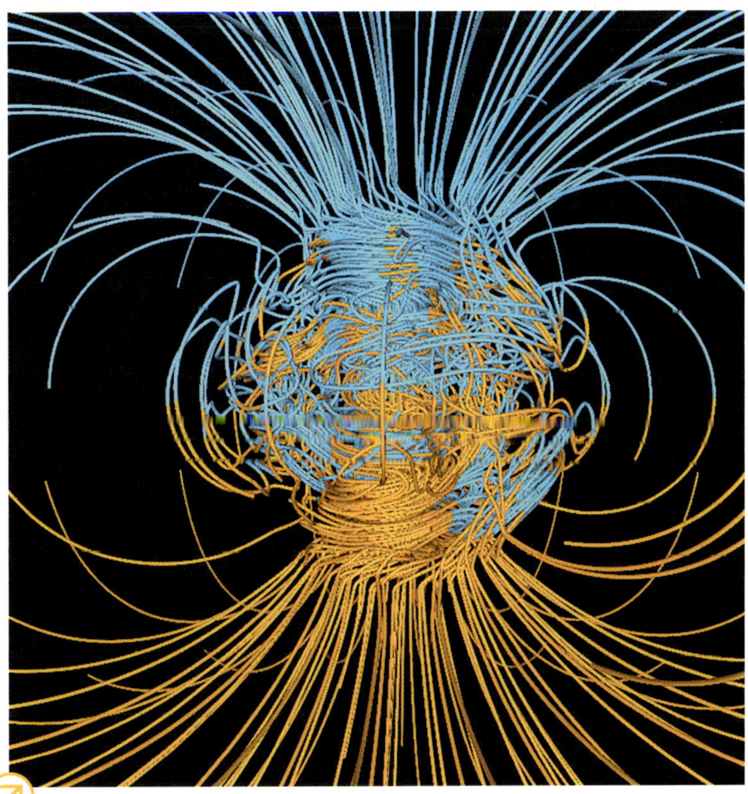

Wissenschaftler berechnen mit Computern, wie das **Magnetfeld der Erde** im flüssigen Erdinneren aussieht.

Die **Atmosphäre** trennt uns vom Weltraum.

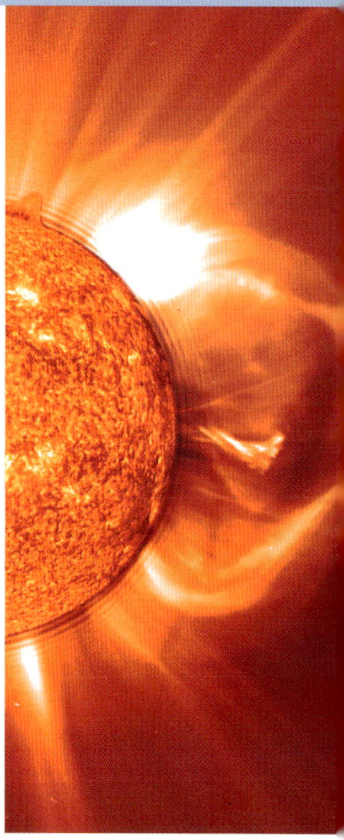

Ozeane und Atmosphäre der Erde

70 % der Erdoberfläche sind mit Wasser bedeckt. Darüber befindet sich die Atmosphäre der Erde – und die reicht ganz schön weit in den Weltraum hinaus!

Die Atmosphäre

Die Atmosphäre der Erde entwickelte sich ursprünglich aus leichten Gasen, die wegen ihres Gewichts nicht ins Erdinnere gezogen wurden. Dazu kamen Gase, die aus dem Erdinneren über Vulkane ausströmten. Heute besteht sie zu rund 21 % aus Sauerstoff und 78 % aus Stickstoff. Nur 1 % der Atmosphäre machen andere Gase aus: Kohlendioxid, Methan, Ozon oder Wasserdampf.

Van-Allen-Gürtel

Die Erdatmosphäre reicht weit ins All. Noch 40 000 km über dem Erdboden kann man Teilchen nachweisen. Und zwar im sogenannten Strahlungsgürtel der Erde, der nach seinem Entdecker James van Allen (1914–2006) auch Van-Allen-Gürtel heißt. Er ist ein Nebenprodukt der kosmischen Strahlung und des Sonnenwindes, die ständig auf die Erde einprasseln, und enthält vor allem hochenergetische Protonen und Elektronen. Der Strahlungsgürtel besteht aus einem inneren und einem äußeren Teil. Sie sehen aus wie zwei Schwimmringe, die durch das Magnetfeld der Erde in Form gehalten werden.

Sauerstoff in der Luft

Leben hätte sich ohne die Atmosphäre der Erde nicht entwickeln können. Umgekehrt gäbe es aber die Atmosphäre in der heutigen Form nicht ohne das Zutun von Algen, sogenannten Cyanobakterien, die mithilfe des Sonnenlichtes vor 2,5 Mrd. Jahren begannen, Sauerstoff zu erzeugen und abzugeben. Doch der Sauerstoffgehalt stieg nicht immer gleichmäßig an – vor 280 000 Jahren scheint es z. B. einen Sprung im Sauerstoffgehalt gegeben zu haben. Warum, ist nicht klar.

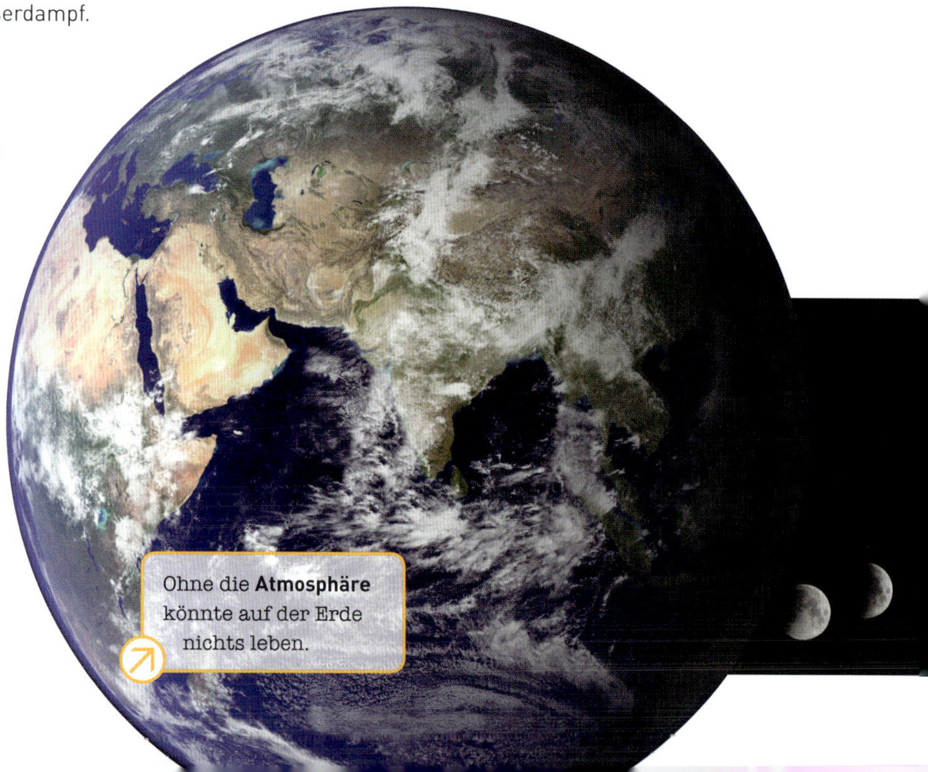

Ohne die **Atmosphäre** könnte auf der Erde nichts leben.

Das Erdmagnetfeld (rechts in blau) gibt dem **Van-Allen-Gürtel** seine Form.

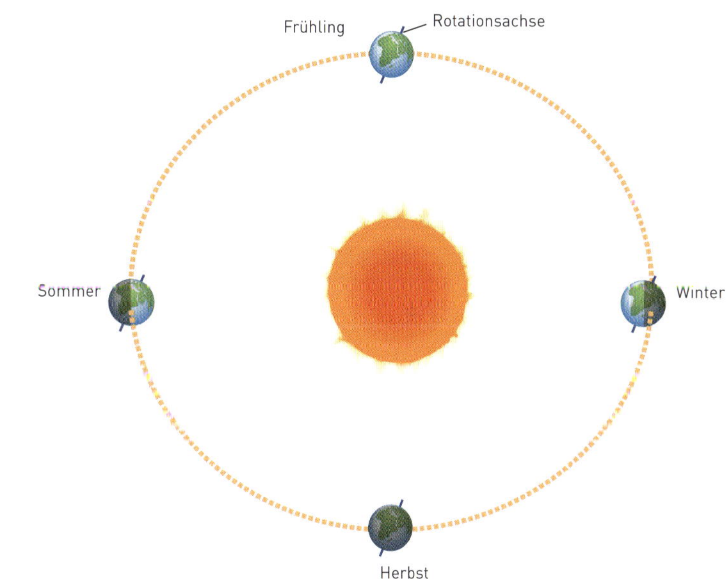

Wasser aus Kometen?

Fast drei Viertel der Erdoberfläche sind von Wasser bedeckt. Möglicherweise stammt ein Teil davon aus dem All. Die ersten Millionen Jahre war die Erde nämlich einem Bombardement von Kometen und Meteoriten ausgesetzt – und die enthalten oft Wasser. Viele Astronomen glauben daher, dass ein großer Teil des Meerwassers geschmolzenes Kometeneis ist. Doch sicher ist das nicht: Bei der Untersuchung des Kometen Hale-Bopp entdeckte man nämlich, dass der Komet vor allem sogenanntes schweres Wasser enthielt – eines der Wasserstoff-Atome in den Wassermolekülen hatte zusätzlich zum Proton noch ein Neutron. Doch die Ozeane enthalten nur ganz wenig schweres Wasser.

Rotationsachse der Erde

Wie ein rotierender Kreisel zieht die Erde in der Ekliptik (s. Infobox) ihre Bahn – die Rotationsachse zeigt dabei stets in eine Richtung. Die Jahreszeiten entstehen, da die Rotationsachse um etwa 23 Grad gegen die Ekliptik geneigt ist: Im Sommer ist die Nordhalbkugel der Erde der Sonne zugeneigt und im Winter die Südhalbkugel. Im Norden steigt die Sonne daher von der Erde aus betrachtet im Sommer „höher" über den Horizont als im Winter. Und im hohen Norden wird sie im Sommer sogar zu einem „Zirkumpolarstern", d. h.: Sie verschwindet nördlich von etwa 66 Grad nördlicher Breite – dem nördlichen Polarkreis – im Sommer gar nicht mehr unter dem Horizont. Im Winter passiert dasselbe im Süden.

Infobox

Ekliptik

Die Bahn der Erde um die Sonne legt eine Ebene fest. Wenn man sich den Fixsternhintergrund wie eine Kuppel vorstellt, dann schneidet die Ebene diese Kuppel in einer Linie, der sogenannten Ekliptik. Sie heißt so, weil Sonnen- und Mondfinsternisse (Eklipsen) nur auftreten können, wenn die Bahn des Mondes diese Ebene schneidet: Nur dann kann der Mond den Blick auf die Sonne verstellen, oder der Schatten der Erde auf den Mond (s. Bild links) fallen.

Falschfarben-Aufnahme der **Sonnenatmosphäre**

Die Sonne

Die Sonne steckt für die Astronomen immer noch voller Rätsel. Viele dieser Rätsel scheinen mit ihrem Magnetfeld zusammenzuhängen.

Das Zentrum des Sonnensystems Wie alle Planeten kreisen die Erde, viele Kometen und die Planetoide auf Ellipsen um die Sonne herum. Der Abstand Erde–Sonne (1 Astronomische Einheit, AE) ist ganz schön groß: Sonnenlicht braucht acht Minuten, bis es die Erde erreicht; in Kilometern beträgt der Abstand im Mittel 149,6 Mio. km. Wäre die Sonne ein Ball von 1 m Durchmesser, dann wäre die Erde nicht einmal 1 cm dick!

Die Sonnenatmosphäre

Erstaunlicherweise wissen die Astronomen noch immer sehr wenig über den erdnächsten Stern. Das liegt daran, dass man nur die Sonnenatmosphäre – die obersten Schichten der Sonne – mit Teleskopen untersuchen kann. Das Sonneninnere entzieht sich den Blicken. Doch das Gas und Plasma in der Atmosphäre machen nur ein Milliardstel der gesamten Masse der Sonne aus! Die Atmosphäre der Sonne wird in vier Schichten unterteilt: Ganz unten ist die Photosphäre, es folgen die Chromosphäre, die Übergangsschicht und schließlich die Korona.

Die Photosphäre In der Photosphäre entsteht das Sonnenlicht, das wir sehen. Unten herrschen etwa 6500 °C, oben „nur" rund 4500 °C. Aufgrund dieses Temperaturunterschieds wälzt sich das heiße Plasma von unten nach oben und sinkt nach dem Abkühlen wieder hinab. Daher ist die Sonne ständig mit rund 4 Mio. wabernden Zellen bedeckt, der sogenannten Granulation. Auf Fotos sehen die Granula winzig aus, doch im Schnitt ist jede der Zellen 1400 km groß!

Das Sonnensystem

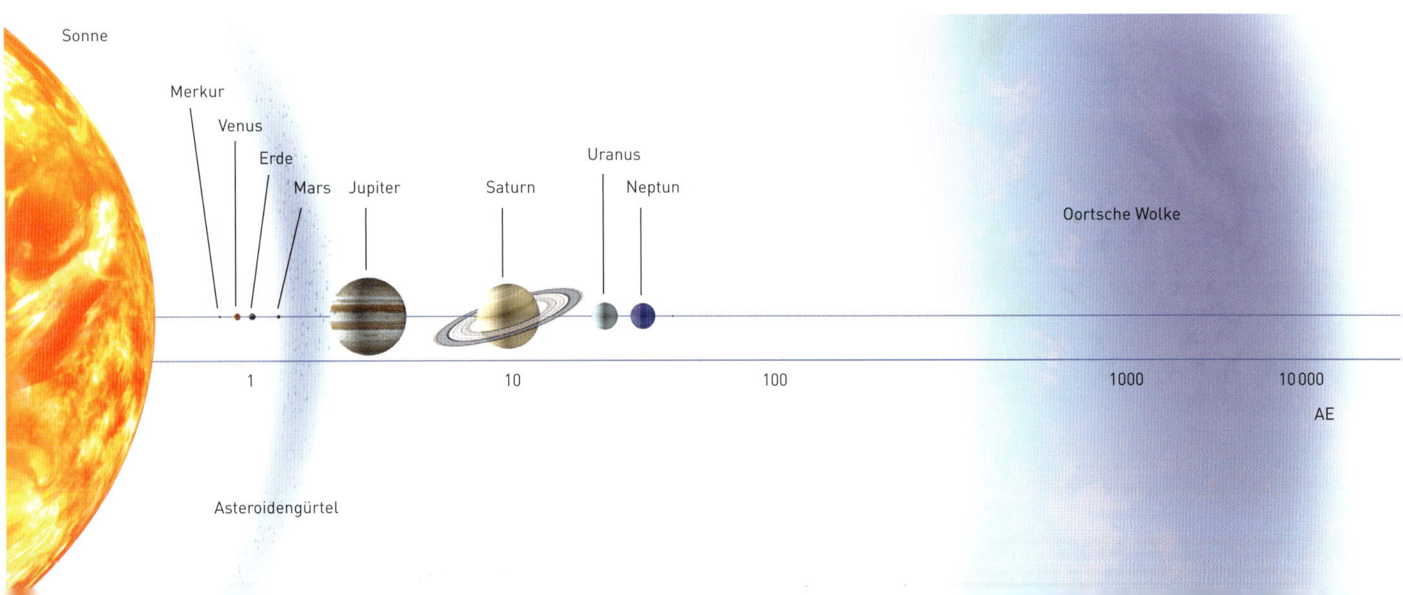

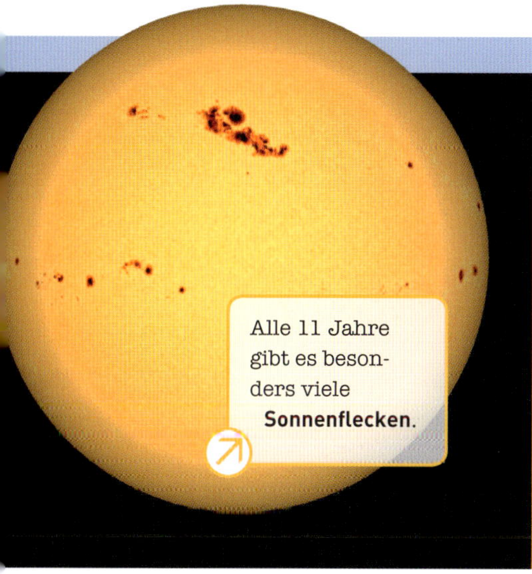

Alle 11 Jahre gibt es besonders viele **Sonnenflecken**.

Infobox

Flecken auf der Sonne

Schon Galileo Galilei bemerkte, dass auf der Sonne immer wieder dunkle Flecken entstehen. Heute vermutet man, dass sich an diesen Stellen die Magnetfeldlinien zusammenballen und verhindern, dass heiße Materie aus dem Inneren der Sonne in die Photosphäre aufsteigt. So kühlt hier die Photosphäre etwas ab und wird dunkler. Seltsamerweise scheinen Sonnenflecken bevorzugt in bestimmten Breiten der Sonne aufzutreten, und alle elf Jahre gibt es sehr viele Sonnenflecken – warum, ist ein Rätsel.

Aktivbox

Sonnenflecken beobachten

Das brauchst du: ein einfaches Teleskop oder Fernglas, einen Stift und ein weißes Blatt Papier.
Achtung: Nie darfst Du direkt oder mit einem Fernglas in die Sonne schauen – du könntest erblinden! Sonnenflecken beobachtet man indirekt: Man hält an einem klaren Tag das Fernglas so, dass die Sonne hinein leuchtet, und projiziert das Bild der Sonne auf ein Blatt Papier. Auf dem Papier ist nun ein Bild der runden Sonnenscheibe zu erkennen und – wenn es welche gibt – auch deutlich die Sonnenflecken. Umrande mit dem Bleistift die Sonne, markiere die Positionen der Sonnenflecken und verfolge in den nächsten Tagen ihre Wanderung.

Die Chromosphäre Die Chromosphäre ist zwar mit rund 10 000 km fast 30-mal so dick wie die Photosphäre, enthält aber viel weniger Gas und ist deshalb nur bei totalen Sonnenfinsternissen zu erkennen, vor allem durch die Lichtzungen an ihrem äußersten Rand (Spicula). Wenn man durch die Chromosphäre nach außen wandert, dann fällt die Temperatur erst weiter ab, steigt dann aber wieder an.

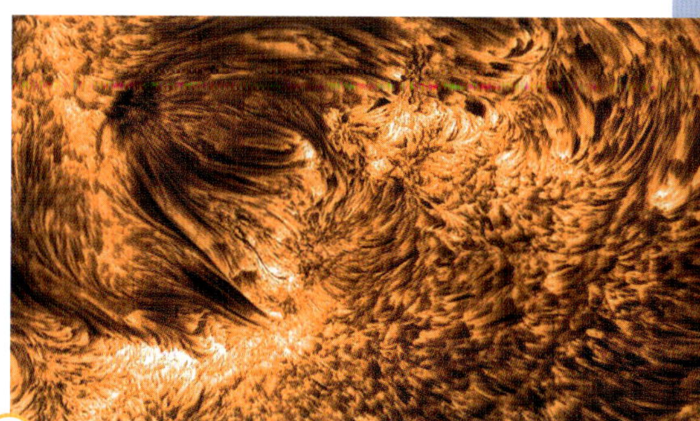

Spicula in der Chromosphäre der Sonne.

Unter der Sonnenoberfläche wird in **„Zellen"** das Gas ständig umgewälzt.

Die Korona Über der Chromosphäre beginnt nach einer dünnen Übergangsschicht die Korona, die man von der Erde aus nur bei einer totalen Sonnenfinsternis sehen kann. Hier ist das Gas bis zu 2 Mio. °C heiß – nach einer Erklärung dafür suchen Astronomen noch immer. Klar ist: Heißes Gas kann Wärme prima leiten, aber nur vergleichsweise schlecht durch Strahlung abgeben. Es wird daher vermutet, dass ein Teil der Wärme aus der Photosphäre stammt: Gas und Plasma wird von dort durch die Granulation und entlang von Magnetfeldlinien hoch transportiert, kann dort aber seine Wärme nur schlecht durch Strahlung nach außen abgeben. Zusätzlich heizen wohl mechanische Vorgänge – Sonnenbeben sozusagen – das Gas auf.

Von der Sonne wegfliegende Teilchen erzeugen die **Polarlichter**.

Unter und über der Sonnenatmosphäre

Die Sonne sorgt nicht nur für Wärme auf der Erde, sondern auch für die Polarlichter – und sie lieferte den ersten experimentellen Beleg für die Richtigkeit der Allgemeinen Relativitätstheorie.

Das Innere der Sonne Über das Innere der Sonne ist wenig bekannt. Man weiß aber, dass es zu rund 75 % aus Wasserstoff sowie knapp 25 % aus Helium besteht, und dass es einen riesigen Fusionsreaktor darstellt: Der Wasserstoff wird zusammengepresst und dadurch im Kern bis zu 16 Mio. °C heiß. Bei diesen gewaltigen Temperaturen können die Protonen ihre elektrische Abstoßung überwinden und sich in Heliumatome verwandeln. Tatsächlich läuft dieser Prozess über mehrere Stufen ab. In jeder Sekunde werden dabei 4,4 Mrd. kg Sonnenmaterie in Energie verwandelt, die die Sonne abstrahlt!

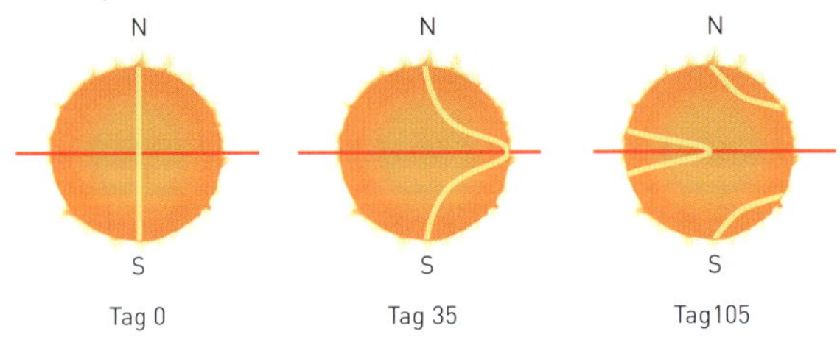

Differentielle Rotation Wie die Erde dreht sich auch die Sonne um sich selbst. Doch sie dreht sich an Polen und Äquator unterschiedlich schnell. Man nennt das eine differentielle Rotation. Beobachten kann man sie z. B. daran, dass Sonnenflecken umso schneller über die Sonne wandern, je näher sie am Äquator liegen. Die differentielle Rotation verbiegt und verknäuelt auch das Magnetfeld der Sonne. Immer wieder muss es sich daher neu ordnen. An den Stellen, an denen es aufbricht und neu zusammenschließt, gerät die Sonnenatmosphäre in Aufruhr.

Infobox

Erster Beweis der Relativitätstheorie

Als Albert Einstein 1915 die Allgemeine Relativitätstheorie veröffentlichte, gab es noch keinen experimentellen Beleg für deren Richtigkeit. Im Kern sagt die Theorie aus, dass große Massen den Raum verbiegen. Vier Jahre später konnte man das tatsächlich feststellen: Am 19. Mai 1919 fand eine totale Sonnenfinsternis statt. So konnte man ein Foto vom Fixsternhintergrund in der direkten Umgebung der Sonne machen, und mit demselben Himmelsausschnitt ohne Sonne vergleichen. Man sah, dass sonnennahe Sterne scheinbar zur Sonne hin verschoben waren: Die Sonne hatte den Raum und damit auch die Lichtstrahlen gebogen.

Aktivbox

Schattenwurf

Die Sonne geht am Morgen im Osten auf, steigt im Lauf des Tages mehr oder minder weit über den Horizont und geht schließlich im Westen wieder unter. Diesen Lauf der Sonne kann man am Schatten eines Stabes verfolgen, den man fest in die Erde steckt. Markiere an einigen Tagen, wo der Schatten zu einer bestimmten Uhrzeit verläuft und wie lang er ist. Wie verändert er sich im Lauf der Monate?

Protuberanzen sind riesig – die Erde würde mehrfach unter den Bogen passen.

Die **Sonnenoberfläche** ist immer unruhig.

Sonnenwind

Durch Fackeln wird immer wieder Materie von der Sonnenoberfläche ins Weltall geschleudert – der sogenannte Sonnenwind. Dass es ihn geben muss, fiel den Astronomen zuerst an Kometen auf: Irgendetwas, das von der Sonne kam, bringt das Material in den Kometen zum Verdampfen und drückt deren Schweife von der Sonne weg. Heute weiß man, dass der Sonnenwind dafür verantwortlich ist. Die Ausbrüche rasen mit bis zu 2000 km in der Sekunde von der Sonne weg, erreichen nach ein bis zwei Tagen die Erde und erzeugen dort u. a. die Polarlichter.

Fackeln und Protuberanzen

Die Sonne ist dauernd in Bewegung, was man nicht nur an ihrer Oberfläche erkennen kann: Aus der Korona rasen immer wieder gigantische „Fackeln“ ins All hinaus. Und in der Chromosphäre bilden sich entlang von Magnetfeldlinien oft riesige „Protuberanzen“: Gewaltige Massen von Materie, viele Male so schwer wie die Erde, stürzen dann in Schleifen und Schlingen wieder auf die Sonnenoberfläche zurück.

Der Krater des riesigen Vulkans **Olympus Mons** auf dem Mars.

Die Planeten

Planeten sind nicht die einzigen Himmelskörper, die die Sonne umkreisen. Aber die größten – selbst der kleine Merkur hat noch einen Durchmesser von knapp 5000 km.

Planetendurchmesser im Vergleich

Was ist ein Planet? 2006 legte die Internationale Astronomische Vereinigung neu fest, was Planeten sind: Himmelskörper, die schwer genug sind, um eine annähernd runde Form anzunehmen, die um die Sonne kreisen und sich dabei ihren Weg „freigeräumt" haben. So gibt es in unserem Sonnensystem acht Planeten: Merkur, Venus, Erde, Mars, Jupiter, Saturn, Uranus und Neptun. Sie alle haben eines gemeinsam: Planeten leuchten nie selbst – obwohl sie Wärme abstrahlen können.

Erdartige und Riesen Man unterscheidet zwei Sorten von Planeten: Die erdartigen Planeten Merkur, Venus, Erde und Mars bestehen aus dichtem Gestein. Sie haben auch sonst einige Gemeinsamkeiten: Vulkane wie auf der Erde gibt es z. B. auch auf der Venus und dem Mars – tatsächlich ist Olympus Mons auf dem Mars der größte Vulkan des ganzen Sonnensystems. Die vier Gasriesen Jupiter, Saturn, Uranus und Neptun dagegen haben einen relativ kleinen festen Kern, der vor allem von Wasserstoff und Helium umgeben ist. Alle Planeten weisen Atmosphären auf. Die dünne Atmosphäre des Merkurs stammt wohl vom Sonnenwind. Kleinere Planeten können ihre Atmosphäre aber nicht halten; dort entweicht das Gas schnell ins Weltall.

Verschrumpelte Oberfläche Die Oberfläche des Merkurs sieht etwa so aus wie der Mond: Sie ist übersät von Kratern, von denen die größten 1000 km groß sind. Dazwischen finden sich „Meere" aus erstarrter Lava. Im Inneren verbirgt sich wohl ein Eisenkern, und weil der Merkur ein schwaches Magnetfeld besitzt, ist der Kern wohl zumindest teilweise flüssig. Doch er erstarrt vermutlich immer mehr und zieht sich dabei zusammen – das ist jedenfalls die Erklärung dafür, dass die Oberfläche des Merkurs so faltig ist wie ein verschrumpelter Apfel.

Die von Meteoriten-einschlägen zernarbte Oberfläche des **Merkur**.

Hitze und Eis zugleich 1991 machten Astronomen eine sensationelle Entdeckung: Sie richteten drei Radioteleskope auf den Merkur, um den Planet per Radar zu untersuchen – und fanden am Nordpol des Merkurs Wassereis. Das war überraschend: In der Nacht herrschen zwar –180 °C auf dem Merkur, doch am Tag steigen die Temperaturen auf mehr als 460 °C! Doch der Merkur hat nur eine sehr dünne Atmosphäre, die kaum Wärme von heißen zu kalten Regionen transportieren kann. Und er kennt keine Jahreszeiten: Die Sonne steht stets fast genau über dem Äquator. In den tiefen Kratern in der Polgegend kommt daher kein Sonnenlicht an, und so kann sich dort lange Zeit Eis aus Kometen halten.

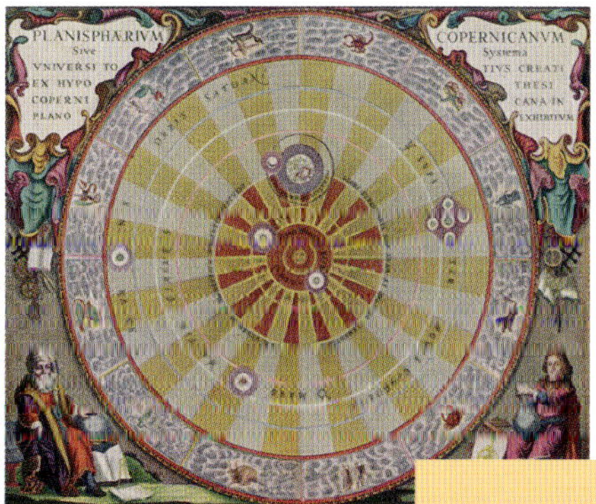

Bild des **Sonnensystem** aus dem 16. Jh.

Merkur: Tag und Nacht in Sonnennähe Der Merkur ist der sonnennächste Planet. Er ist knapp eineinhalb Mal so groß wie der Mond und umkreist die Sonne in etwas weniger als 90 Tagen. Wenn der Abstand von der Erde zur Sonne 1 m betrüge, dann wäre der Merkur nur etwa 40 cm von der Sonne entfernt. Bei der Beobachtung des Merkurs ist daher die Sonne oft im Weg. So hat es bis zum Ende des 20. Jhs. gedauert, herauszufinden, dass der Merkurtag etwa 88 Erdentage dauert. Genauso lange ist die Nacht auf dem Merkur.

Infobox

Das Planetensystem erforschen

In der Antike waren die inneren sechs Planeten bekannt; erst in der Neuzeit kamen Uranus (1781), Neptun (1846) und Pluto (1930, bis 2006 als Planet geführt) hinzu. Weiter entwickelte Teleskope und vor allem Verbesserungen in der Mathematik hatten die Neuentdeckungen ermöglicht: Nach Neptun und Pluto hatte man gezielt gesucht, aufgrund von Störungen in den Bahnen ihrer bereits bekannten Nachbarn.

Hell leuchtet der Nachbarplanet der Erde, die **Venus**, am Abendhimmel.

Höllisches Treibhaus Die Venus ist nur etwas kleiner als die Erde. Doch das Klima auf ihr ist ganz anders: Dicke Wolkenschichten, die zum Teil Schwefelsäure enthalten und über den Himmel rasen, verbergen vom All aus den Blick auf den Boden. Die Atmosphäre besteht zu 96 % aus Kohlendioxid. Das führt zu einem gewaltigen Treibhauseffekt: Die Atmosphäre umhüllt die Venus wie eine Art Mantel, der verhindert, dass die eingestrahlte Sonnenenergie wieder ins All entweicht. Auf dem Boden ist es deshalb 470 °C heiß; die Steine glühen rötlich.

Venus und Mars

Die Venus ist nach Sonne und Mond das hellste Objekt am Himmel. Und der Mars steckt voll Rost.

Das Aussehen der **Venusoberfläche** wurde aus Radardaten berechnet.

Abend- und Morgenstern

Wäre die Sonne nur 1 m von der Erde entfernt, dann stünde die Venus etwa 70 cm von der Sonne weg; von der Erde wäre sie dann – je nach Stellung – 27 cm oder 1,41 m weit entfernt. Entsprechend erscheint die Venus von der Erde aus mal als großes Scheibchen, mal als winziger Lichtpunkt – aber stets ziemlich hell. Weil sie am Abend- und am Morgenhimmel zu sehen sein kann, wird sie auch Abend- und Morgenstern genannt – obwohl sie ja gar kein Stern ist. Im Teleskop kann man wie beim Mond Phasen erkennen, weil die Sonne die Venus von uns aus gesehen mal von der einen, mal von der anderen Seite bescheint.

Ein Meer aus glühenden Steinen

Mit Radar und Sonden haben Astronomen die Oberfläche der Venus genauer untersucht. So weiß man: Hier gibt es keine Meere, aber viele Vulkane. Und man hat einige große Einschlagskrater gefunden – allerdings viel wenigere als auf dem Merkur: In der dichten Atmosphäre zerbrechen größere Meteorite, bevor sie den Boden erreichen. Ein Rätsel ist jedoch das Alter der Krater: Sie sind nicht älter als etwa 500 Mio. Jahre – und das bedeutet, dass ein gewaltiger Vulkanausbruch oder Meteoriteneinschlag den Venusboden zu dieser Zeit eingeebnet haben muss.

Mars: Der rostige Planet

Der Mars wird zwar der Rote Planet genannt, aber „rostiger" Planet wäre vielleicht noch treffender, denn im Gestein seiner Wüsten steckt viel rötliches Eisenoxid. Darüber weht eine dünne Atmosphäre, die vor allem aus Kohlendioxid besteht. Der Mars hat Jahreszeiten wie die Erde. Zu Beginn des Mars-Sommers kommt es oft zu gewaltigen Staubstürmen, die den ganzen Planeten wochenlang in Sand einhüllen. Im Sommer steigen die Temperaturen am Tag auf bis zu 20 °C, in der Nacht sinken sie unter –40 °C. Und an den Polen hat es im Winter sogar eisige –140 °C.

Infobox

Leben auf dem Mars?

Immer wieder wird über Leben auf dem Mars spekuliert. Die Diskussion hat vor allem der Astronom Giovanni Schiaparelli (1835–1910) angestoßen: Ende des 19. Jhs. glaubte er im Teleskop „Kanäle" auf dem Mars zu erkennen. Viele Astronomen versuchten danach, Belege für Mars-Städte zu finden – vergeblich. Heute ist klar: Schiaparellis Kanäle waren zwar optische Täuschungen, doch Wasser gab es hier wirklich einmal: Sonden haben ausgetrocknete Flussbette gefunden. Leben haben sie aber nicht entdeckt. Das kann damit zusammenhängen, dass die Atmosphäre des Mars UV-Strahlung nicht so stark wegfiltert wie die irdische. Lebensformen bekäme das schlecht, denn die UV-Strahlung zerstört ihre Erbsubstanz.

Der **Mars** ist von tiefen Schluchten durchzogen, in denen früher Wasser floss.

Die Wüste ist kalt

Wie auf der Erde wird es auf dem Mars am Süd- oder Nordpol kalt. Der Mars hat Polkappen aus kilometerdickem Wassereis, die man sogar von der Erde aus sehen kann. Im Winter bildet sich darauf eine dünnere Schicht aus gefrorenem Kohlendioxid. Dass der Mars so kalt ist, liegt vor allem daran, dass er weiter von der Sonne entfernt ist als die Erde: Betrüge der Abstand Erde-Sonne 1 m, dann würde der Mars in etwa 1,5 m Entfernung von der Sonne seine Bahn ziehen.

Ein **Größenvergleich**: Merkur, Venus, Erde und Mars

Jupiter und vier seiner Monde: Io (hinten links), Europa (vor Jupiter), Ganymed (vorne links) und Kallisto (vorne rechts).

Jupiter und Saturn

Jupiter war in der römischen Götterwelt der Göttervater. Unter den Planeten ist er der Größte. Sein Nachbar Saturn ist bekannt durch seine Ringe.

Ein Asteroidenfänger für die Erde

Der Jupiter arbeitet auch als Asteroidenschutzschild für die Erde: Mit seiner riesigen Masse fängt er Asteroiden ein oder lenkt sie von ihrer Bahn ab. 1994 konnte man von der Erde aus einen besonders spektakulären Fang des Riesenplaneten beobachten: Jupiter hatte den Kometen Shoemaker-Levy 9 so stark angezogen, dass dieser auseinanderbrach. Die Bruchstücke stürzten durch die Wolkendecke – mit einer Wucht von vielen Milliarden Atombomben.

Jupiter: Der Riese unter den Planeten

Jupiter wiegt mehr als zweieinhalb Mal so viel wie alle anderen Planeten, Meteoriten, Asteroiden und Monde des Sonnensystems zusammen. Allerdings besteht er nicht wie Erde oder Mars aus festem Gestein: Unter seiner dicken Wolkendecke findet sich jede Menge Wasserstoff. Erst darunter vermuten Astronomen einen relativ kleinen, festen Kern. Ein Teil des Wasserstoffs wird durch die Schwerkraft stark zusammengepresst, sodass sich die Elektronen in ihm frei bewegen können; so wirkt er wie ein Metall. Strömungen in diesem „metallischen Wasserstoff" sind dafür verantwortlich, dass der Jupiter (abgesehen von der Sonne) das stärkste Magnetfeld im Sonnensystem hat.

Infobox

Schwefelrülpser und Blitze

Der Jupiter gewinnt auch bei der Zahl der Monde: 67 Objekte umkreisen den Riesenplaneten. Ein besonderer unter ihnen ist Io. Jupiter saugt Schwefel und Sauerstoff von Vulkanausbrüchen auf Io in Richtung Oberfläche und lenkt sie mit seinen starken Magnetfeldern zu den Polen. So entstehen Polarlichter, wie man sie auf der Erde nie beobachten könnte: Der Himmel leuchtet sogar im UV- und Röntgenbereich, und gewaltige Blitze krachen durch die Wolken.

Auf dieser Falschfarbenaufnahme kommen die Ringe des **Saturns** gut zur Geltung.

Mattgelbe Wolken und Wirbelwinde

Stünde die Erde in einem Abstand von 1 m von der Sonne, dann würde der Saturn in etwa 9,6 m Entfernung durch den Weltraum fliegen. So ist der Saturn der erdfernste Planet, der noch mit dem bloßen Auge gesehen werden kann. Im Teleskop erkennt man kaum mehr als seine mattgelblichen Wolken, die durch ein kompliziertes System aus Winden durcheinander getrieben werden. Die Winde entstehen durch die schnelle Rotation und dadurch, dass der Saturn in seinem Inneren jede Menge Wärme produziert: Er strahlt fast doppelt so viel Energie ab wie er von der Sonne aufnimmt. Durch die schnelle Rotation ist Saturn auch an den Polen deutlich abgeplattet. Innen ist er wohl ähnlich wie der Jupiter aufgebaut. Sein fester Kern ist umgeben von viel Wasserstoff, der zum Teil metallisch ist.

Die Ringe des Saturns

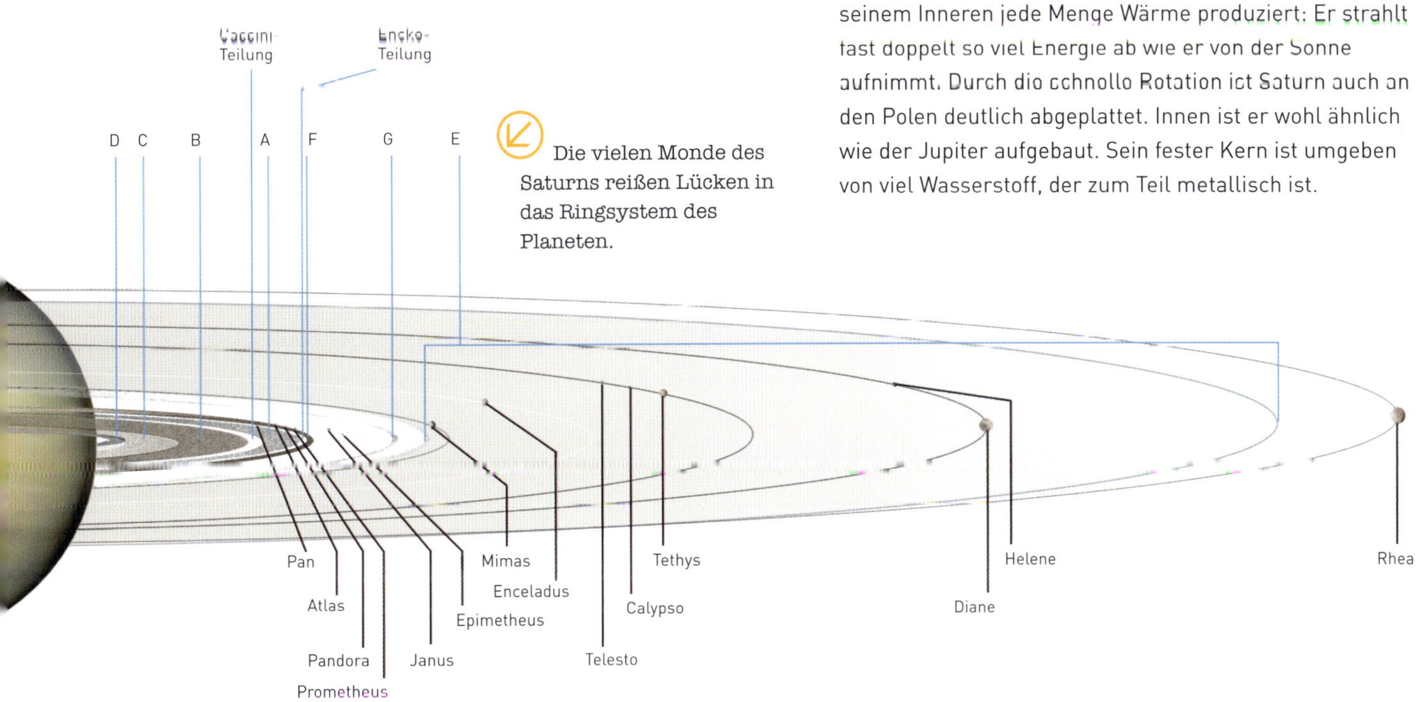

Die vielen Monde des Saturns reißen Lücken in das Ringsystem des Planeten.

Saturn: Umgeben von Ringen

Galileo Galilei wunderte sich noch über „Ohren" am Saturn. 40 Jahre nach ihm nahm der Astronom Christiaan Huygens (1629–1695) den Planeten mit einem besseren Teleskop in Augenschein – und erkannte, dass der Saturn in Wirklichkeit einen flachen Ring besitzt. Heute weiß man, dass der Saturn tatsächlich mehr als 100 000 Einzelringe besitzt, die durch Lücken in sieben größere Ringsysteme (mit „A" bis „G" benannt) voneinander getrennt sind. Sie bestehen zu 95 % aus Wassereis. Drei der Ringe kann man von der Erde aus sehen. Die Lücken dazwischen werden von den Saturnmonden erzeugt. Und der Mond Enceladus besitzt ganz besondere Vulkane, die Eis ins All schleudern und so das Ringsystem ständig mit frischem Wassereis versorgen.

Ein Sturm am Pol

Trotz des stürmischen Wetter-Durcheinanders gibt es auf dem Saturn eine sehr beständige Wettererscheinung: Über dem Südpol hat sich ein stabiler Hurrikan gebildet, in dessen Auge Raumsonden blicken konnten – ein Loch in den Wolken, 35–70 km tief. Und auch auf dem Nordpol gibt es einen Wirbelwind, und der ist sogar sechseckig. Es handelt sich um ein erstaunliches physikalisches Phänomen, das offenbar dadurch entsteht, dass sich der Saturn schnell dreht und zugleich die kalte Luft am Pol hinunterstürzt.

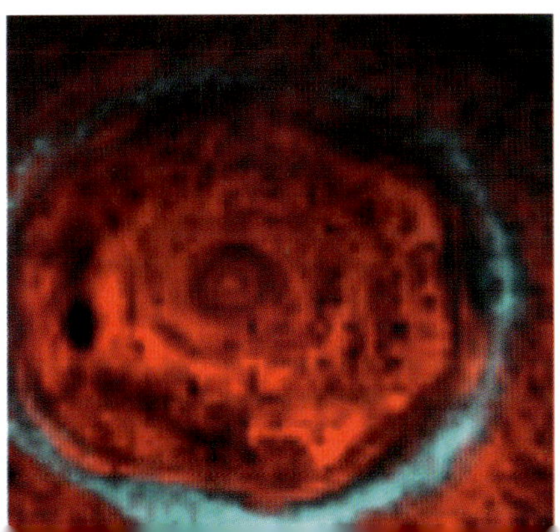

Am **Nordpol** des Saturns tobt ein Sturm.

Auf der Oberfläche Neptuns zeigen sich interessante **Wolkenstrukturen**.

Aktivbox

Gase erhitzen und abkühlen

Das brauchst du: eine Luftpumpe und eine gekühlte Sprudelflasche.
Halte die Luftpumpe fest zu und drücke sie ein paarmal zusammen. Sofort wird der Kolben der Pumpe warm. Das kommt daher, dass die Luft zusammengepresst wird; die Gasteilchen haben weniger Platz, stoßen öfter aneinander und bewegen sich dadurch schneller. Das bedeutet: Ihre Temperatur ist höher. Ähnlich steigt die Temperatur in einem Gasplaneten, wenn die Gase der Atmosphäre von der Schwerkraft zusammengedrückt werden. Das Umgekehrte geschieht, wenn du die Sprudelflasche schnell öffnest: Das Kohlendioxid über der Sprudeloberfläche hat plötzlich viel mehr Platz. Dadurch kühlt sich das Gas ab – auf bis zu −30 °C! Die Folge: Der Wasserdampf in der Luft bildet kleine Wassertröpfchen, und es entsteht Nebel am Flaschenrand.

Uranus und Neptun

Auch Uranus und Neptun sind Gasriesen – und die beiden Planeten, die in der Antike und im Mittelalter noch nicht bekannt waren.

Außenseiter im Sonnensystem

Die äußersten Planeten des Sonnensystems sind sich sehr ähnlich: Die zwei Gasriesen Uranus und Neptun bestehen jeweils zu drei Vierteln aus Wasserstoff und zu einem Viertel aus Helium.

Erst spät entdeckt Wäre die Erde 1 m von der Sonne entfernt, dann stünde Uranus fast 20 m weit weg. Ohne Teleskop kann man ihn daher nicht sehen, und selbst im Fernrohr erkennt man von der Erde aus kaum mehr als ein winziges Scheibchen. Deshalb wurde Uranus erst 1781 vom dem Musiker und Astronomen William Herschel (1738–1822) und dessen Schwester Caroline (1750–1848) entdeckt. Seine Oberfläche ist wie bei Saturn und Jupiter von Wolken geprägt. Auf Uranus schimmern sie grünlich-blau und werden von schnellen Winden getrieben.

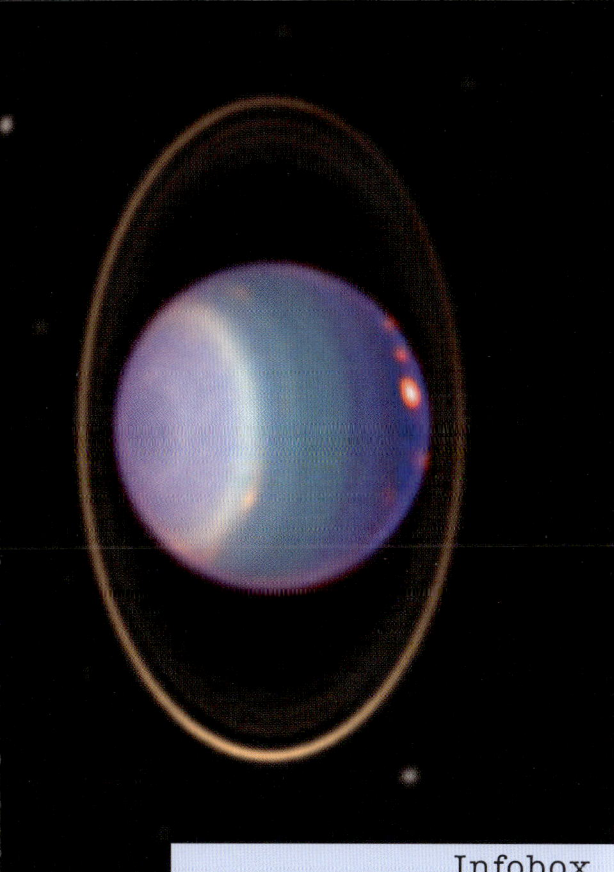

Geheimnisvolles Inneres

Über das Innere von Uranus haben die Astronomen nur vage Vermutungen. Vermutlich besteht es aus einem festen Kern, über dem ein teilweise gefrorener „Ionen-Ozean" aus Wasser, Ammoniak und Methan steht, der Strom gut leitet. Außerdem enthält Methan Kohlenstoff, und Experimente im Labor haben gezeigt, dass sich dieser Kohlenstoff bei Hitze und unter hohem Druck in neuen Kristallstrukturen anordnen kann: Es entstehen Diamanten. Einige Astronomen halten es daher für möglich, dass auf den Kern des Uranus ständig Diamantstaub rieselt. Über dem Ionen-Ozean liegt vermutlich eine Atmosphäre aus Wasserstoff und Helium, die unten flüssig ist und nach oben hin immer mehr gasförmig wird, bis sie in die Wolkenschicht übergeht.

Neptun

Neptun, der bei einem Abstand Erde–Sonne von 1 m in 30 m Entfernung um die Sonne kreisen würde, ist seinem Nachbarplaneten sehr ähnlich. Er besitzt mehrere Ringe und 14 Monde. Viel mehr ist über ihn nicht bekannt, weil der Neptun für Beobachtungen zu weit entfernt ist. Entdeckt wurde er nur, weil er seinen Nachbarn stört: Unregelmäßigkeiten in der Bahn von Uranus führten die Astronomen 1846 auf die Spur des Neptun.

Infobox

Ein Ringsystem

Im Jahr 1977 wanderte Uranus vor den Stern SAO 158687. Die Astronomen waren gespannt auf das Ereignis, denn das Sternenlicht würde kurz die Atmosphäre durchleuchten und so möglicherweise einige ihrer Geheimnisse preisgeben. Doch tatsächlich geschah etwas viel Erstaunlicheres: Der Stern begann bereits oberhalb der Oberfläche des Uranus zu flackern und verschwand hinter einem System aus 13 Ringen, von dem zuvor niemand etwas geahnt hatte. Vermutlich bestehen die Ringe des Uranus aus Bruchstücken eines Mondes, denn anders als die Ringe des Saturns scheinen sie aus größeren Brocken aus Methaneis und Stein zu bestehen. Zusammengehalten werden die Ringe von den insgesamt 27 Monden.

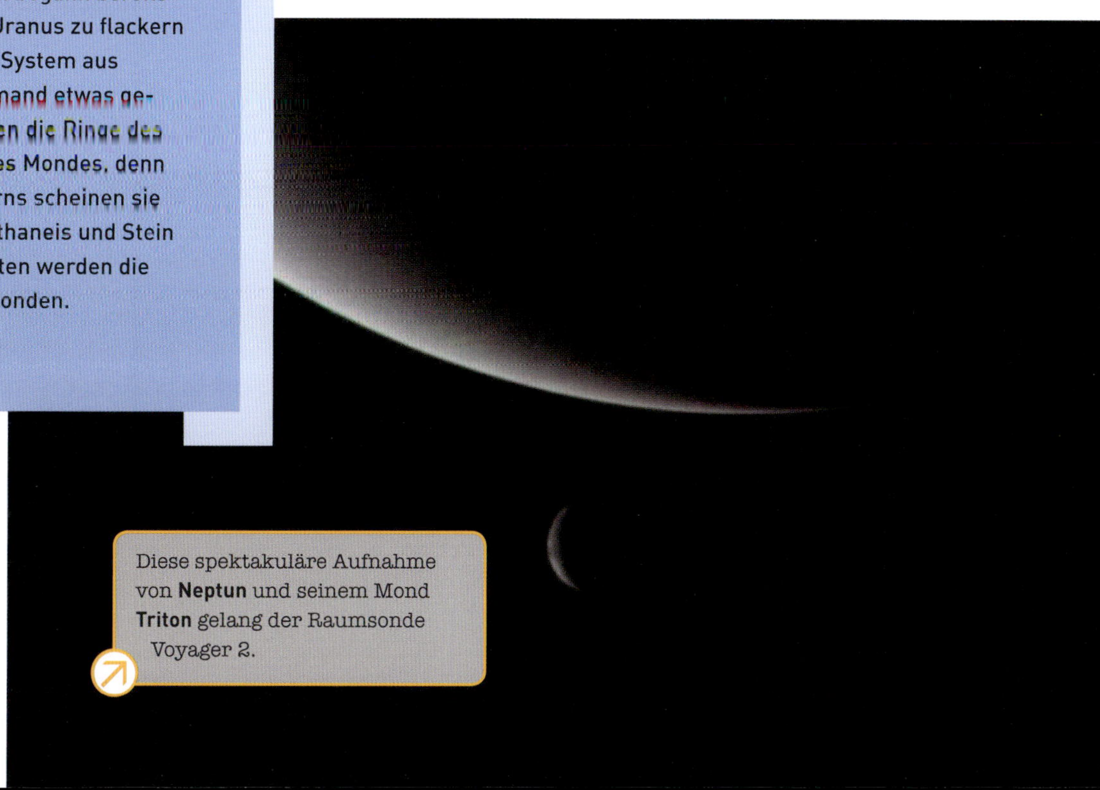

Diese spektakuläre Aufnahme von **Neptun** und seinem Mond **Triton** gelang der Raumsonde Voyager 2.

Im großen Asteroidengürtel kreisen Tausende von **Planetoiden** um die Sonne.

Planetoiden

Um die Sonne kreisen nicht nur Planeten, sondern neben einigen anderen Objekten auch die kleineren Geschwister der Planeten, die Planetoiden. Woher sie stammen, ist ein Rätsel.

Was sind Planetoiden? Im Jahr 2006 legte die Internationale Astronomische Vereinigung Folgendes fest: Planetoiden – auch bekannt als Asteroiden oder Zwergplaneten – sind Himmelskörper, die die Sonne umkreisen, aber entweder nicht rund sind oder ihre Bahn mit anderen Körpern teilen (oder beides). Sie sind also Leichtgewichte, denn erst ab einer gewissen Masse beginnen Himmelskörper, runde Kugeln zu bilden. Planetoiden sind daher oft unförmig wie Kartoffeln. Der berühmteste Zwergplanet ist jedoch rund: Es ist der Pluto, der ein knappes Jahrhundert lang als Planet eingestuft worden war. Insgesamt kennt man über 700 000 Planetoiden!

Große Vielfalt Unter die Planetoiden fallen viele sehr unterschiedliche Körper, die um die Sonne rasen. Einige haben nur ein paar Meter Durchmesser, andere einige hundert Kilometer. Pluto, der größte Planetoid, hat einen Durchmesser von 2370 km, Ceres, das größte Objekt im Asteroidengürtel, liegt bei 980 km. Einige ziehen auf fast kreisrunden Bahnen um die Sonne, oft auf Bahnen, auf denen sie etwa drei bis fünf Jahre für eine Umrundung brauchen. Doch es gibt auch Ausreißer, die der Sonne recht nahe kommen, dann aber weit jenseits des Neptuns im All verschwinden. Aber fast alle Planetoide sind karge Steinbrocken.

So stellt sich ein Künstler den Blick auf **Pluto** von seinem Mond **Charon** aus vor.

Aktivbox

Das Gesetz von Titius und Bode

Nimm die Zahlen der Zahlenfolge 0; 1; 2; 4; 8; 16; ..., multipliziere sie mit der Zahl 0,3 und zähle 0,4 dazu. Trage die Ergebnisse in die Kästen des nebenstehenden Zahlenstrahls ein und vergleiche sie mit dieser Zahlenfolge: 0,39; 0,72; 1; 1,52; ?; 5,2; 9,5; 19,2. Diese Zahlen geben die mittlere Entfernung Planet-Sonne in Metern an, wenn der Abstand Erde-Sonne 1 m beträgt. Den Astronomen Johann Elert Bode und Johann Daniel Titius war 1766–1768 die seltsame Übereinstimmung der beiden Zahlenfolgen aufgefallen. Nach ihnen heißt sie das „Titius-Bodesche-Gesetz". Heute sind sich die Wissenschaftler übrigens einig, dass die Zahlen nur zufällig so gut übereinstimmen.

Gesetz von Titius und Bode: Zahlenstrahl

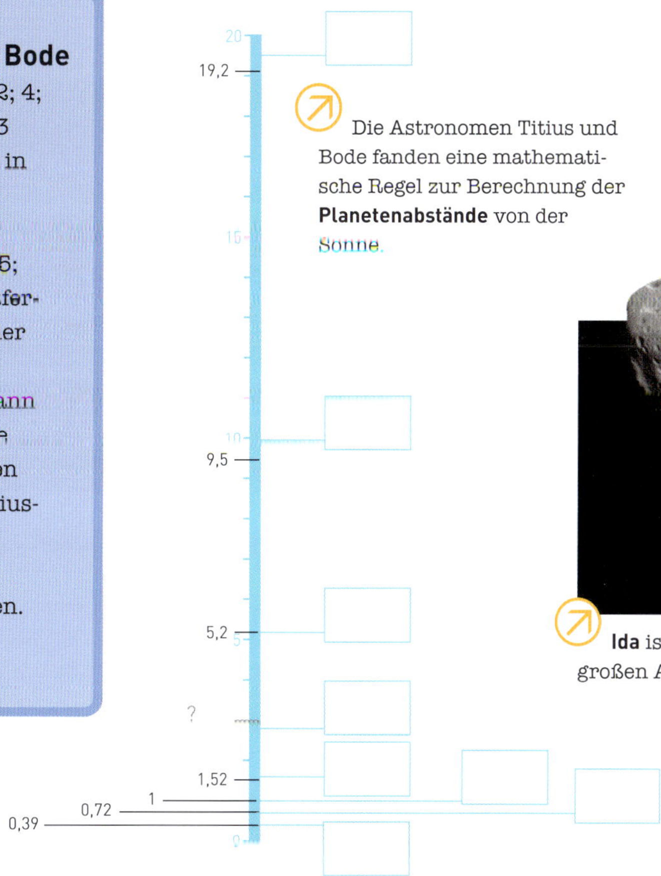

Die Astronomen Titius und Bode fanden eine mathematische Regel zur Berechnung der **Planetenabstände** von der Sonne.

Ida ist ein Asteroid aus dem großen Asteroidengürtel.

Die Suche nach dem Geisterplaneten

Ende des 18. Jhs. entdeckten die Astronomen Titius und Bode eine seltsame Regel (s. Aktivbox). Falls sie richtig war, dann musste es zwischen Mars und Jupiter, etwa im 2,8-fachen des Abstandes Erde–Sonne einen Planeten geben. 24 Astronomen starteten eine groß angelegte Suche nach dem geheimnisvollen Planeten, für den sie sich sogar einen Namen überlegten: Ceres. Doch sie fanden nur eine Menge kleiner Planetoiden – über 600 000 davon kennt man heute genauer. Die Gegend wird daher der große Asteroidengürtel genannt. Der größte Planetoid – er wiegt etwa ein Drittel der Gesamtmasse des Asteroidengürtels – wurde tatsächlich Ceres getauft.

Centauren und Trans-Neptunianer

Der große Asteroidengürtel ist nicht das einzige Asteroidenfeld im Sonnensystem: Zwischen der Bahn des Uranus und der des Neptuns befinden sich die „Centauren", und jenseits des Neptuns, in den äußeren Bereichen des Sonnensystems, kreisen die „Trans-Neptunianer" um die Sonne, eine gewaltige Menge von Asteroiden und Zwergplaneten, von denen man die wenigsten genauer kennt. Unter ihnen ist auch der Ex-Planet Pluto.

Infobox

Woher kommen die Planetoiden?

Von einigen Asteroiden ist bekannt, dass sie früher einmal die festen Kerne von Kometen bildeten, die mit der Zeit beim Flug um die Sonne alle losen Partikelchen, Eis und gefrorene Gase verloren haben. Doch die meisten Planetoiden sind Steinklumpen, die vermutlich aus der Anfangszeit des Sonnensystems stammen. Warum sie sich nicht zu einem Planeten zusammengeballt haben, sondern als Bruchstücke die Planetoidengürtel bestücken, ist bis heute ein Rätsel.

Ceres vom Hubble-Weltraumteleskop aus gesehen.

Ein nur 50 m großer Meteorit schuf den etwa 1200 m durchmessenden **Barringer-Krater** im US-Bundesstaat Arizona.

Extreme Planetoiden

Viele Kinofilme handeln davon, dass ein großer Himmelskörper auf die Erde stürzt. Kandidaten dafür sind die „erdnahen Objekte“, die Near Earth Objects.

Near Earth Objects

Manchmal stoßen Planetoiden im großen Asteroidengürtel zusammen und können so in den Anziehungsbereich anderer Himmelskörper geraten. So kam vermutlich auch der Mars zu seinen beiden Monden Daimon und Phobos. Sehr selten kommen Asteroiden in die Nähe der Erde; man nennt sie dann NEOs (Near Earth Objects). Etwa 15 000 derartige Objekte sind bekannt, und etwa 900 haben einen Durchmesser von mehr als 1 km. Wenn sie auf die Erde stürzen würden, würden sie eine furchtbare Katastrophe auslösen. Doch die Wahrscheinlichkeit dafür ist verschwindend klein.

Bei einem **Meteoriteneinschlag** bricht zunächst der Boden um die Einschlagstelle auf (1–4), dann wird das Material aus der Erde nach oben geschleudert (5). Schließlich senkt sich das lockere Material abseits der Kraterwände und es bildet sich der Kraterrand (6).

Ablauf eines Meteoriteneinschlags

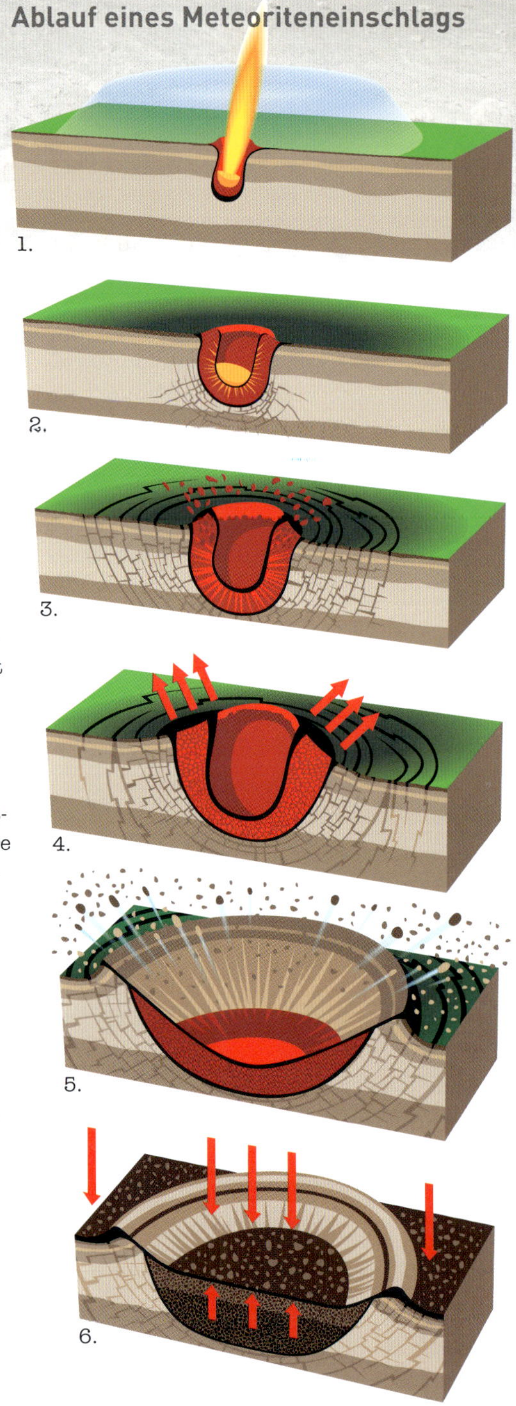

Der Tunguska-Einschlag

1908 donnerte es gewaltig auf der Erde. In Nordsibirien ereignete sich eine Explosion, die etwa 1000-mal so stark war wie die Atombombe, die die Stadt Hiroshima ausgelöscht hat. Bis heute wird diskutiert, ob es sich dabei um den Einschlag eines Asteroiden mit etwa etwa 50 m Durchmesser oder eines Kometenrests gehandelt hat. Derzeit gilt die Asteroidentheorie als wahrscheinlicher. Wie dem auch sei, glücklicherweise erfolgte der Einschlag auf unbewohntem Gebiet – so wurden nur rund 2000 km² Wald vernichtet.

Pluto Wäre die Erde 1 m von der Sonne entfernt, dann fände man irgendwo in 30–50 m Entfernung die winzige eisige Kugel Pluto. Seine Entdeckung beruht auf einer Reihe glücklicher Zufälle: Der amerikanische Astronom Percival Lowell (1855–1916) hatte die Position eines großen Planeten, der die Bahnen von Neptun und Uranus stören könnte, berechnet und wollte die Angestellten seiner Privatsternwarte danach suchen lassen. Doch dann starb Lowell, nicht ohne die Suche nach dem „Planet X" in seinem Testament festzuschreiben. Seine Angestellten hatten aber keine Lust auf solche Spinnereien, und sie stellten dafür den Hobbyastronomen Clyde Tombaugh (1906–1997) an, der 1930 tatsächlich Pluto entdeckte. Bis 2006 galt der Himmelskörper als Planet, heute ist es ein Planetoid.

Aktivbox

Mondkrater simulieren

Das brauchst du: eine Schüssel mit Mehl, kleine harte Gegenstände (etwa Murmeln).

Planetoide haben oft Krater wie der Mond: Mehr oder minder runde Löcher, die manchmal in der Mitte eine kleine Erhebung besitzen. Wie solche Krater zustande kommen, kann man einfach in einer mehlgefüllten Schüssel nachstellen. Lass die Murmeln aus einiger Höhe in das Mehl plumpsen – und es entstehen Krater wie auf dem Mond. Wenn die Murmel von der Seite ins Mehl geworfen wird, dann bilden sich „Strahlen" aus Mehl. Auch das kann man auf dem Mond oder Planetoiden beobachten. Auf Mond und Co schmilzt das Gestein bei ganz großen Einschlägen allerdings – das lässt sich in einer Mehlschüssel natürlich nicht nachahmen!

Der Chicxulub-Krater Vor über 65 Mio. Jahren schlug im Südwesten von Mexiko ein Meteorit ein. Der heute tief in der Erde verborgene Krater ist zwischen 200 und 300 km groß. Forscher entdeckten die ersten Spuren des Einschlages mehrere tausend Kilometer weit weg, in einem Steinbruch in Italien. Dort war ihnen eine seltsame Ascheschicht aufgefallen: Vermutlich hat der Meteorit so viel Staub aufgewirbelt, dass die Sonne über Monate hinweg in weiten Teilen der Welt hinter Aschewolken verschwand. Pflanzen starben, und vermutlich begann damit auch das Aussterben der Dinosaurier.

Auf dem Weg zum **Pluto**. 2015 erreichte die Raumsonde New Horizons ihr Ziel.

Infobox

Ein Mädchen tauft Pluto

Auf die Idee, einem fernen dunklen Planetoiden den Namen „Pluto" zu geben, kam ein elfjähriges Mädchen: Venetia Burney (1918–2009), die Tochter eines Theologie-Professors in Oxford. Sie las in der Zeitung von der Entdeckung des Himmelskörpers. Auf Umwegen gelangte ihre Idee an die Entdecker des Himmelskörpers, und denen gefiel der Gedanke – schließlich war Pluto in den Sagen der Antike der Beherrscher der finsteren Unterwelt.

Im **Mondstaub** sind die Spuren des Mondautos von Apollo 15 zu sehen.

Der Erdmond I

Kein anderer Planet in unserem Sonnensystem hat – verglichen mit der eigenen Größe – einen so großen Begleiter wie die Erde. Zum Glück für uns: Ohne den Erdmond hätte sich vermutlich kein Leben auf der Erde entwickeln können.

Auf dem Mond

Die Mondoberfläche ist mit porösem Gestein bedeckt – abgekühlte Magma, die aus dem ursprünglich flüssigen Innern ausgetreten ist. Und wegen der fehlenden Atmosphäre schlagen Meteoriten ungebremst auf dem Mondboden auf. Daher ist der Mond eine einzige Kraterlandschaft: Bereits von der Erde aus sind 40 000 Krater mit einem Durchmesser zwischen 100 und 200 m erkennbar. Neue Krater können inzwischen nur auf älteren Kratern entstehen: Je weiter oben sie liegen, desto jünger sind sie.

Infobox

Wie ist der Mond entstanden?

Immer noch sind die Wissenschaftler uneins, wie der Mond entstanden ist. Hat sich die Erde mit ihrer Schwerkraft einen Meteoriten eingefangen? (Einfanghypothese) Oder bildeten Erde und Mond ursprünglich einen Doppelplaneten? Ist der Mond aufgrund der hohen Rotationsgeschwindigkeit aus der Erde herausgeschleudert worden? (Spaltungshypothese) Die meisten Astronomen glauben heute an einen Einschlag, die Impakttheorie: Danach hat ein etwa marsgroßes Objekt die junge Erde gerammt und dabei Material aus dem Erdmantel ins All geschleudert. Aus diesem heißen breiigen Etwas hat sich dann der Mond geformt.

Woraus besteht der Mond?

In seinem Aufbau ähnelt der Mond der Erde: Auch er enthält einen (relativ kleinen) Kern aus Eisen, einen dicken Mantel und eine dünne Kruste. Allerdings wiegt Mondmaterie im Schnitt nur 60 % soviel wie Erdmaterie. Der Monddurchmesser beträgt fast ein Drittel des Durchmessers der Erde. Beides zusammen führt dazu, dass die Anziehungskraft auf dem Mond sechsmal kleiner ist als auf der Erde: Ein 80 kg schwerer Astronaut fühlt sich auf dem Mond, als wiege er gerade mal 13 kg!

Der **Mond** ist der einzige Himmelskörper, den Menschen besucht haben.

Wie der Mond sich dreht

Der Mond braucht einen „Lunartag" (Mondtag), um sich einmal um sich selbst zu drehen. Genauso lange braucht er aber auch, um einmal die Erde zu umkreisen. Dies nennt man eine „gebundene Rotation" – und deshalb sehen wir von der Erde aus immer dieselbe Seite des Mondes. Zu der gebundenen Rotation kam es durch das komplizierte Wechselspiel der Anziehungskräfte zwischen Erde und Mond. Die Erde bremste in Jahrmillionen die Rotation des Mondes auf genau die Geschwindigkeit ab, die er heute hat. 1959 fotografierte die sowjetische Sonde Lunar 3 erstmals die abgewandte Seite des Mondes.

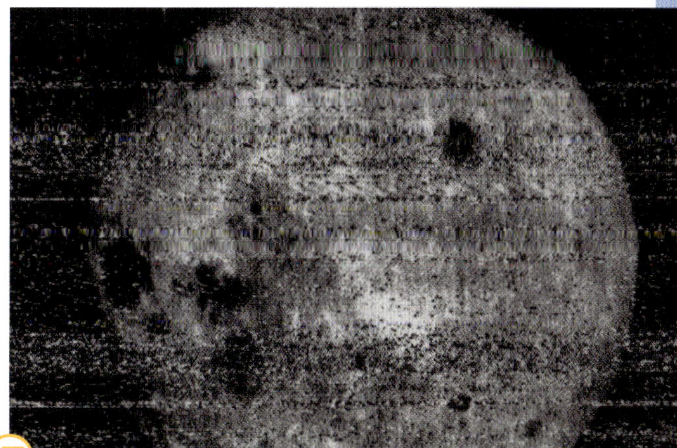

Das erste Bild der **Mondrückseite**

Libration

Genaugenommen zeigt uns der Mond etwas mehr als die Hälfte der Vorderseite, nämlich insgesamt 59 %, weil der Mond sich im Laufe der Zeit minimal zur Erde hin und wegdreht. Man nennt das Libration. Sie ist die Folge eines komplizierten Zusammenspiels mehrerer Ursachen. Dazu gehört die Tatsache, dass die Mondbahn kein Kreis, sondern eine Ellipse ist und die Rotationsachse des Mondes leicht geneigt ist.

Mond- und Sonnenfinsternisse

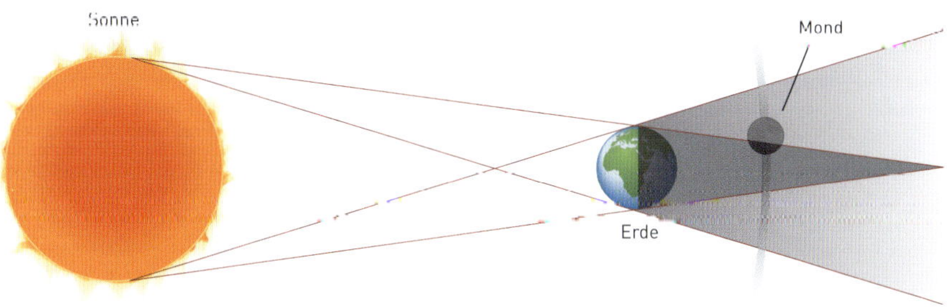

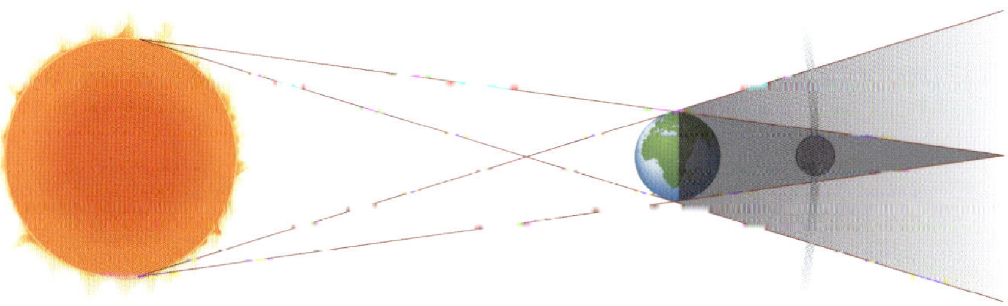

Mondfinsternisse (Bilder oben) und **Sonnenfinsternis** (Bild unten). Wenn der Mond nicht voll in den Erdschatten eintaucht, ist die Mondfinsternis nur „partiell" (ganz oben).

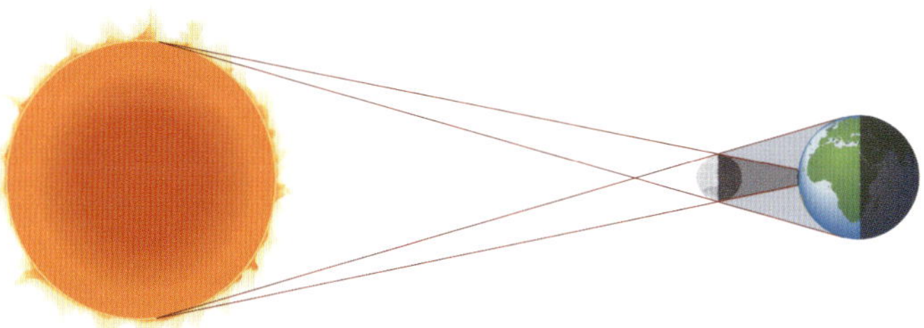

Mond- und Sonnenfinsternisse

Nicht nur bei einer Mondfinsternis, auch bei einer Sonnenfinsternis spielt der Mond eine entscheidende Rolle. Bei einer Sonnenfinsternis schiebt sich der Mond zwischen Erde und Sonne und verdeckt sie so, dass man bei einer totalen Sonnenfinsternis nur noch den äußersten Rand der Sonne sehen kann. Bei einer Mondfinsternis steht dagegen die Erde zwischen Sonne und Mond, sodass der Mond nicht mehr beleuchtet wird.

Aktivbox

Eine Mondfinsternis basteln

Das brauchst du: eine Taschenlampe (Sonne), einen Tennisball (Erde), einen Pingpong-Ball (Mond).
Stelle damit eine totale Mond- und eine totale Sonnenfinsternis nach.

Dieses Bild des Mondes machte die Sonde **Galileo.**

Der Erdmond II

Der Mond beeinflusst das Leben auf der Erde, nicht nur durch die Gezeiten: Dank der Mondphasen stellte er seit jeher eine Art Kalender am Himmel dar. Noch immer unterteilen wir das Jahr in „Monate".

Die Farbe des Mondes Ist der Mond weiß? Aus der Nähe sieht Mondgestein eher schmutzig-grau aus. Messungen zeigen zwar, dass es oft Titanoxid enthält – das ist der Stoff, der Zahnpasta weiß macht. Doch die dunklen Basaltebenen des Mondes enthalten viel bräunliches Eisenoxid (also Rost). Insgesamt wirft der Mond nur rund 8 % des Sonnenlichtes zurück – er ist damit eines der dunkelsten Objekte des Sonnensystems! Dass er uns so hell erscheint, hängt mit seiner Nähe zusammen und mit der Lichtstreuung in der Erdatmosphäre: Sie filtert den rötlichen Anteil des Mondlichts weg.

Mondphasen Alle 29 Tage, 12 Stunden, 44 Minuten und 2,9 Sekunden ist der Mond als Vollmond zu sehen: Dann strahlt die Sonne ihn auf der ganzen, für uns sichtbaren Fläche an. In den folgenden Tagen „nimmt der Mond ab", d. h., die Sonne wandert scheinbar links um den Mond herum. Ihr Licht lässt ihn am Himmel als immer schmalere Sichel erstrahlen. Gleichzeitig geht der Mond später und später auf, bis er als Neumond nachts gar nicht mehr zu sehen ist. Sobald die Sonne ihn umrundet hat, taucht sie rechts von ihm auf und lässt erneut eine Sichel entstehen – und dann beginnt das Spiel von vorne.

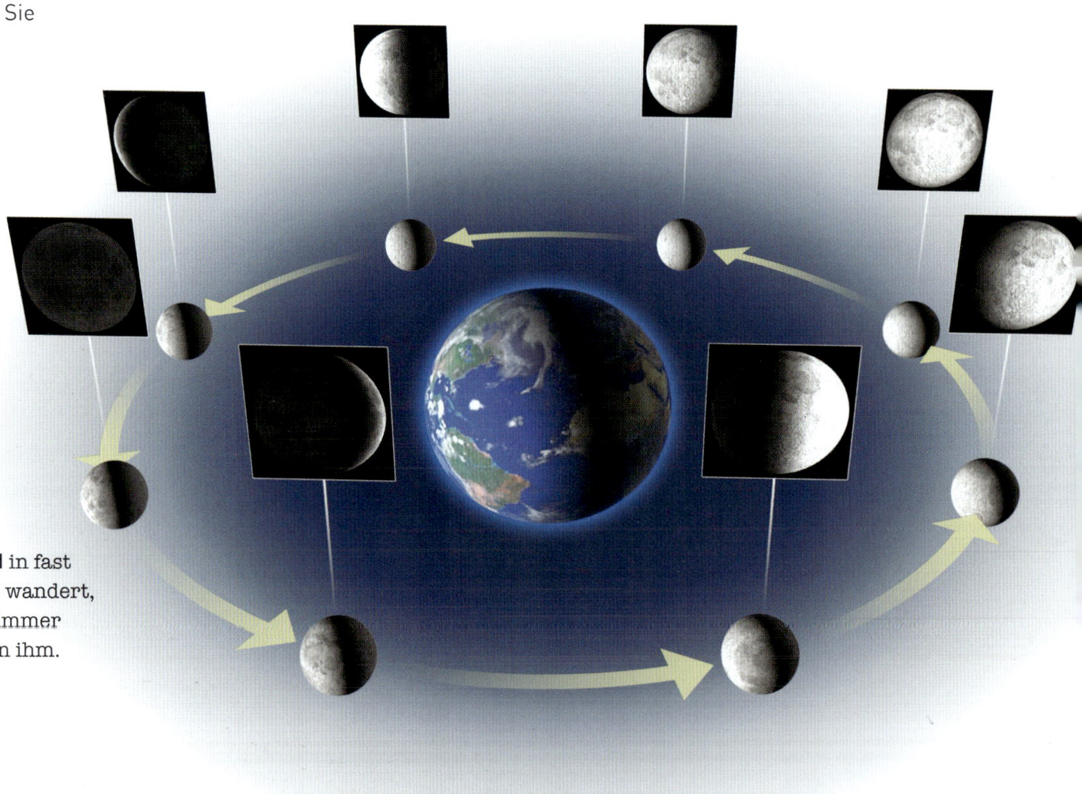

Die Mondphasen

Während der **Mond** in fast 30 Tagen um die Erde wandert, beleuchtet die Sonne immer einen anderen Teil von ihm.

Aktivbox

Mond über dem Horizont

Das brauchst du: einen Fotoapparat.

Fotografiere den Mond, wenn er knapp über dem Horizont steht. Vergleiche dieses Foto mit einer Aufnahme vom Mond hoch am Himmel. Du wirst feststellen, dass er über dem Horizont viel größer erscheint. Dabei ist er in Horizontnähe weiter vom Betrachter entfernt und tatsächlich 1,5 % kleiner! Wissenschaftler glauben, dass uns hier das Gehirn einen Streich spielt, weil es den Mond in die Silhouette am Horizont einbettet.

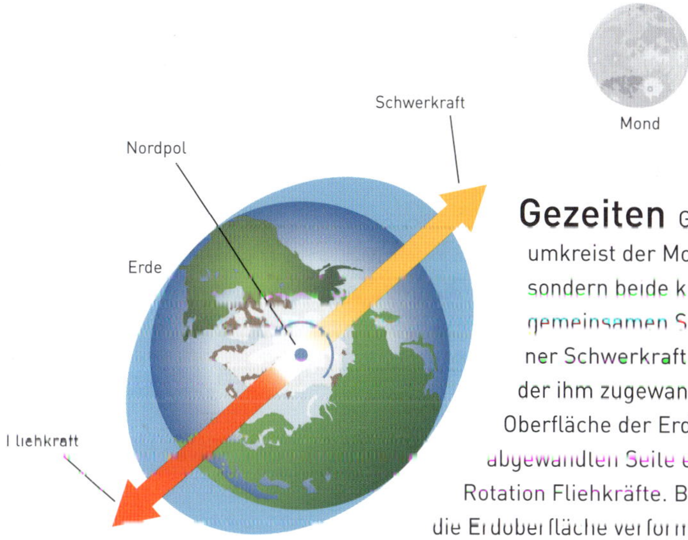

Dadurch, dass der Mond die Erde umkreist, entstehen die **Gezeiten**.

Gezeiten Genau betrachtet umkreist der Mond nicht die Erde, sondern beide kreisen um einen gemeinsamen Schwerpunkt. Mit seiner Schwerkraft zieht der Mond auf der ihm zugewandten Erdseite die Oberfläche der Erde an; auf der ihm abgewandten Seite entstehen durch die Rotation Fliehkräfte. Beides bewirkt, dass die Erdoberfläche verformt wird: Sowohl auf der dem Mond zugewandten Seite als auch gegenüber bilden sich Gezeitenberge, das Meer wird zu einer Ellipse verformt. Bei alldem wird übrigens auch Rotationsenergie auf den Mond übertragen. Dadurch entfernt sich der Mond langsam von der Erde, jedes Jahr um 3,8 cm.

Mondkrater und Mondmeere Es gibt unzählige Krater auf dem Mond, dazu Lava-Ebenen (Maria oder Meere), Ketten von Kratern (Catenae), Berge (Montes), Gräben (Fossae) und viele andere landschaftliche Details – und viele von ihnen tragen Namen. Die etwa 1500 Kraternamen, die die Internationale Astronomische Vereinigung verzeichnet, sind ein „Wer ist wer" der Wissenschaftsgeschichte. Lavaseen und -meere werden dagegen meist nach Gemütszuständen benannt: Da gibt es Seen des Schmerzes und des Hasses oder das Meer der Stille. Nur bei den Kraterketten hat sich eine kleine Besonderheit eingeschlichen: Mit der „Catena Brigitte" hat ein Astronom wohl seine Freundin geehrt.

Infobox

Extreme Temperaturen

Weil der Mond keine Atmosphäre hat, herrschen auf ihm große Temperaturunterschiede. Wenn die Sonne auf die Steine fällt, dann heizen sie bis zu 120 °C auf, und wenn sie in den Schatten geraten, dann herrschen frostige –170 °C. Solch ein Hin und Her macht das härteste Gestein auf die Dauer mürbe: Wie in irdischen Wüsten platzen und zerbrechen die Steine ständig aufgrund der durch den Temperaturwechsel entstehenden Spannungen – auch ein Grund dafür, dass es so viel Staub auf dem Mond gibt.

Der über 90 km durchmessende Mondkrater **Copernicus.**

Andere Monde im Sonnensystem

Der Erdmond ist nur der fünftgrößte Mond im Sonnensystem – viele Planeten haben Monde, die viel bizarrer sind als der brave Steinbrocken, der die Erde umkreist.

Die Aufnahme der Raumsonde Galileo zeigt große Lavafelder auf dem **Jupitermond Io**.

Deimos und Phobos Der Mars hat zwei Monde, Deimos und Phobos. Es sind vermutlich zwei Asteroiden, die der Planet irgendwann einmal eingefangen hat. Doch in den 1940er-Jahren fiel Astronomen etwas Seltsames auf: Phobos bewegt sich nicht auf einer Ellipse, sondern er nähert sich ganz langsam in einer Spirale dem Mars – irgendetwas bremst seinen Lauf. Doch die Atmosphäre des Mars ist dazu zu dünn. Da kam ein sowjetischer Astrophysiker auf einen seltsamen Gedanken: War Phobos vielleicht eine Raumstation, innen hohl und dadurch leichter als angenommen? Dann würde die Bremskraft der Marsluft durchaus ausreichen. Heute ist aber klar: Phobos ist ein Steinbrocken, der wohl durch das Wechselspiel seiner Anziehungskräfte mit denen des Mars gebremst wird. Irgendwann wird er zerbrechen und einen Ring aus Steinbrocken bilden.

Io wird massiert Die „Galileischen Monde" des Jupiters sind Berühmtheiten: Die Beobachtung der vier größten Jupiter-Monde Io, Europa, Ganymed und Callisto durch Galileo Galilei leitete das Ende des geozentrischen Weltbildes ein, bei dem die Erde und nicht die Sonne im Zentrum des Sonnensystems stand. Jeder dieser Monde ist etwa so groß wie der Erdmond – doch lange nicht so friedlich. Der Jupiter knetet Io und Europa ständig durch, sodass sich ihr Inneres aufheizt. Die Folge: Auf Io gibt es Vulkane, höher als der Mount Everest. Sie speien ständig Schwefel und Sauerstoff in den Himmel. Die Oberfläche Ios ist mit gelb-rötlichen Schwefelverbindungen bedeckt.

Infobox

Ein Wettrennen unter Monden

Wie verspielte Hunde benehmen sich die Saturnmonde Epimetheus und Janus. Sie liefern sich ein ständiges Wettrennen: Beim Überholen bremst der schnellere innere Mond den langsameren äußeren ab, sodass der äußere nach innen und der innere nach außen wandert. Dadurch tauschen die beiden etwa alle vier Jahre ihre Bahnen.

Jupitermond Europa

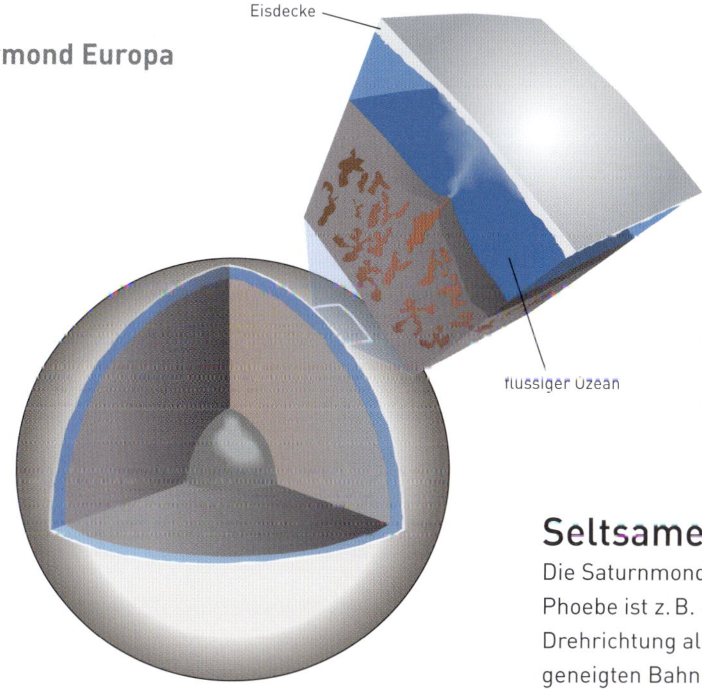

Ein Meer unter dem Eis

Der Jupitermond Europa ist von einer Eisfläche bedeckt – doch Fotos zeigen, dass diese Eisdecke immer wieder aufbricht und sich mit frischem Eis schließt. Man glaubt daher, dass sich unter dem Eis ein Ozean befindet, der durch Jupiters Kneten flüssig gehalten wird. Manche Astronomen spekulieren sogar, dass sich in diesem Ozean Leben gebildet haben könnte!

Seltsame Welten umkreisen den Saturn

Die Saturnmonde könnten unterschiedlicher nicht sein. Der kleine Mond Phoebe ist z. B. ein Außenseiter: Der Felsbrocken wandert entgegen der Drehrichtung aller anderen Monde um den Saturn – auf einer stark geneigten Bahn. Daher nehmen die Astronomen an, dass Saturn ihn eingefangen hat, ähnlich wie den seltsam geformten Hyperion, der wie ein Schwamm aussieht und völlig unvorhersagbar auf seiner Bahn trudelt. Meteoriten, die ihn treffen, scheinen durch seine poröse Struktur tief in sein Inneres zu stürzen und reißen ungewöhnliche Krater. Die Monde Thetys und Dione leisten sich ihrerseits eigene Monde – einmalig im Sonnensystem. Iapetus ist zur Hälfte von einem gewaltigen Meteoriteneinschlag gezeichnet, der den Mond fast zerstört hat. Titan besitzt auf seiner Oberfläche Seen aus Methan und Ethan. Und Enceladus wird durch die Schwerkraft des Saturns so geknetet, dass es auf ihm starken Vulkanismus gibt – doch die Vulkane spucken keine Lava, sondern Eis!

Hirtenmonde Der Saturn hat mehrere Dutzend Monde. Einige davon werden auch „Schäferhund-Satelliten" genannt, weil sie die Ringe des Saturn stabilisieren. Die Monde Prometheus und Pandora bilden z. B. ein Paar Schäferhunde, die den F-Ring des Saturn „behüten": Prometheus stößt Ringteilchen, die zu langsam werden, an und die außen laufende Pandora bremst zu schnelle Teilchen ab. So schaffen die Monde ausgebüchste Teilchen wieder zurück in den Ring.

Jupiter und sein Mond **Io**.

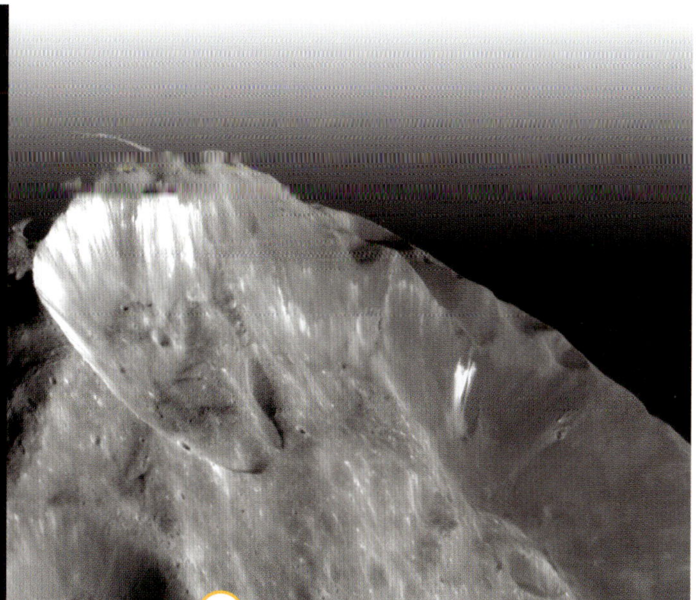

Krater bedecken den Saturnmond **Phoebe**.

Die Entstehung des Sonnensystems

Das Sonnensystem ist vor mindestens 4,6 Mrd. Jahren entstanden. Woher die Baustoffe dafür stammen, ist unbekannt, doch wie das System entstand, darüber sind sich die Astronomen ziemlich einig.

Das **Sonnensystem** entsteht ...

Die Nebelhypothese Schon Mitte des 18. Jhs. kam die Theorie auf, das Sonnensystem sei aus einem Nebel aus Staub und Gas entstanden. Bis heute sind Astronomen von ihr überzeugt. Die Wolke hatte zu Anfang eine gewaltige Ausdehnung: Sie erstreckte sich 13 000-mal so weit wie die heutige Entfernung zwischen Sonne und Erde! Man glaubt, dass Schockwellen aus einer nahen Supernova Gas und Staub in der Wolke zum Verklumpen brachten. Kleine Klumpen zogen die Materie in ihrer Nähe durch die Schwerkraft an. So entstanden immer größere Zusammenballungen.

Infobox

Rotation im Sonnensystem

Wenn eine rotierende Masse sich zusammenzieht, dann dreht sie sich schneller. Physiker nennen das die „Drehimpulserhaltung“ (s. Aktivbox). Die wirkte auch im frühen Sonnensystem: Zu Anfang rotierte es fast unmerklich, doch als die Schwerkraft das Gas und den Staub immer enger zusammenzog, wurde die Rotation schneller und schneller. Deshalb drehen sich heute Planeten und andere Körper um die Sonne und sich selbst.

Eine frühe Phase des Sonnensystems in einer **Computersimulation**

Abstoßung und Anziehung im Inneren der Wolke

Während sich die Materie immer weiter zusammenzog, erhitzte sie sich immer mehr. Umgekehrt bewegten sich die heißen Atome und Moleküle schneller und bremsten so den Zusammensturz. Auch die Wärmestrahlung übte Druck auf die nachfallende Materie aus. Doch gleichzeitig wurden die Moleküle im Zentrum einen Teil ihrer Wärme in Form von Infrarotstrahlung los: Die schaffte es, durch Staub und Gas hindurch zu „entkommen". So blieb das Zentrum insgesamt zwar heiß, aber nicht so heiß, dass alles wieder explodierte!

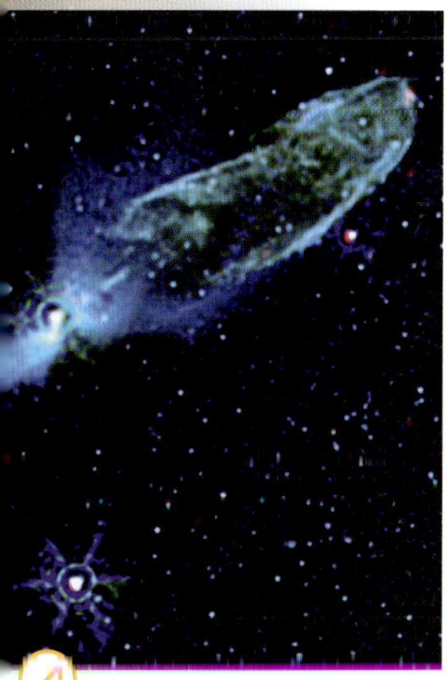

Der Stern HH 46/47 (Bildmitte) ist eine **Protosonne**.

Aktivbox

Drehimpulserhaltung

Das brauchst du: einen Schreibtischstuhl, zwei Hanteln.
Wenn eine Eiskunstläuferin eine Pirouette dreht, dann kann sie die Drehgeschwindigkeit verändern, indem sie die Arme ausbreitet oder anlegt. Wenn sie die Arme an den Körper drückt, wird sie schneller. Das kann man sogar am Schreibtisch nachmachen: Man nimmt zwei Hanteln in die Hände, streckt die Arme aus und versetzt den Stuhl (vorsichtig) in Drehung. Dann zieht man die Arme an den Körper: Sofort dreht sich der Stuhl schneller.

Protosonne in der Mitte

Nach etwa 100 Mio. Jahren hatte sich die Gaswolke sehr verändert: Sie war zu einer flachen Scheibe geworden, „nur" noch etwa 200-mal so groß wie die heutige Entfernung zwischen Erde und Sonne. Im Zentrum war ein heißer Vorläufer eines Sternes entstanden – ein Protostern –, in dem Wasserstoff zu Helium verschmolz. Durch Hitze und Strahlung begann eine turbulente Phase: Immer wieder explodierte der Protostern und schickte gewaltige Wolken aus Gas in seine Umgebung. Man vermutet, dass der Protostern erst die Hälfte seiner Masse loswerden musste, bevor er zu einem stabilen Stern wurde: der frühen Sonne.

Ständig entstehen in **Nebeln** neue Planeten um ferne Sonnen.

Planeten entstehen

In einiger Entfernung von der Sonne begannen sich Staub und Materie zu immer größeren Brocken zusammenzuschieben. Es bildeten sich „Planetesimale", Vorformen der Planeten. Zugleich heizte die Sonne von der Mitte aus die Planetesimale auf. Daher verdampften leicht flüchtige Elemente wie Wasser oder Methan und wurden von der Sonne weggetrieben. Nahe der Sonne entstanden deshalb feste, steinige Planeten – Merkur, Venus, Erde, Mars. Weiter entfernt bildete sich der Gasplanet Jupiter und verhinderte durch seine Schwerkraft, dass sich ein weiterer Steinplanet zwischen Mars und ihm entwickeln konnte. Dessen Bausteine bilden den großen Asteroidengürtel.

Der **Halleysche Komet** ist wohl der bekannteste Komet.

Kometen

Jahrhundertelang galten sie als Glücks- oder Unglücksboten am Himmel. Erst im 20. Jh. wurde klar, dass es sich bei Kometen in Wirklichkeit um Brocken aus Eis und Stein handelt, die mehr oder minder selten die Sonne besuchen.

Gibt es Sterne mit Haaren? Das Jahr 1066 ist für England denkwürdig: Die Normannen eroberten damals die britische Insel. Gleichzeitig vermerken die Chroniken, es habe ein Zeichen am Himmel gegeben: Ein „langhaariger Stern" sei am Himmel aufgetaucht, der sieben Nächte lang geschienen habe. Heute weiß man: Es handelte sich um den Halleyschen Kometen, der an der Erde vorbeizog. Seine Schweife erschienen den Menschen wie lange Haarbüschel.

Schmutziger Schneeball, eisiger Schmutzball Man nehme einen Schwamm, sauge ihn mit Wasser voll und lege das Ganze ins Gefrierfach. Das Ergebnis kommt einem Kometenkern schon recht nahe – bis auf die Tatsache, dass man den Schwamm durch einen bröckeligen und löchrigen Stein ersetzen müsste und dem Wassereis auch ein wenig gefrorenes Ammoniak und Methan beimischen müsste. Tatsächlich sind Kometen auch viel größer als Badeschwämme: Ihr Durchmesser wird auf einige Hundert Meter bis einige Kilometer geschätzt.

Infobox

Koma

Kommt ein Komet der Sonne nahe, dann geht das Eis in ihm direkt in den gasförmigen Zustand über. So erhält der Komet eine Atmosphäre, die sogenannte Koma, und das Sonnenlicht regt die Gasteilchen darin zum Leuchten an. Während sich der Komet der Sonne nähert, wächst die Koma immer weiter an. Selbst bei kleineren Kometen kann sie schließlich ein Vielfaches der Größe der Sonne betragen – allerdings lässt sich das von der Erde aus nicht sehen.

Die Raumsonde **Rosetta** erforscht Kometen.

Sternschnuppenspuren

Der Staubschweif eines Kometen hinterlässt auf seiner Bahn eine Spur aus Staubteilchen. Durchfliegt die Erde eine solche Teilchenspur, dann regnet es in der Atmosphäre Sternschnuppen. So ist z. B. der Sternschnuppenschauer der Aquariden (die aus dem Sternbild des Aquarius, Wassermann, zu kommen scheinen) die Spur des Halleyschen Kometen.

Entstehung der Kometen

Man vermutet den Urspung der meisten Kometen in der geheimnisvollen eisigen Tiefe des Weltalls an der Grenze unseres Sonnensystems, in der sogenannten Oortschen Wolke. In diesem Gürtel, der das Sonnensystem umgibt, treiben vielleicht Trilliarden von Kometen. Ab und zu wird einer durch Stoßprozesse ins Innere des Sonnensystems befördert, besucht uns kurz und verschwindet wieder für sehr lange Zeit. Nur sehr wenige Kometen werden vom Sonnensystem eingefangen und kehren nach kurzer Zeit zurück – sie werden „kurzperiodische Kometen" genannt.

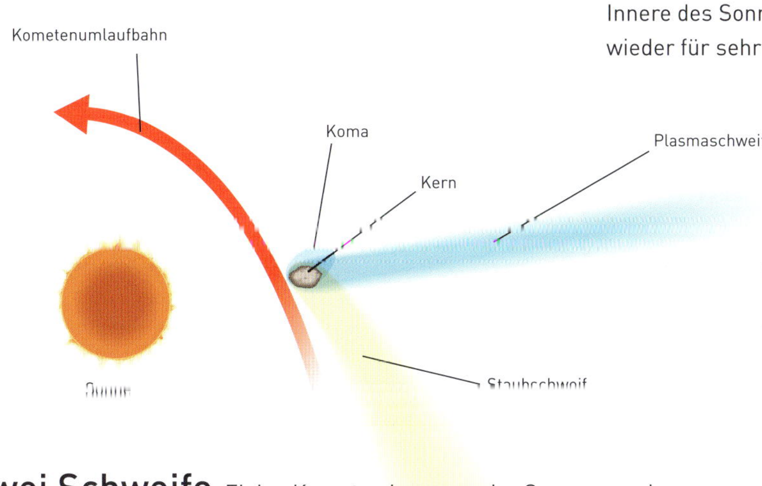

Wie viele Kometen gibt es?

Jedes Jahr entdecken Astronomen 20 bis 25 neue Kometen, die aber meist nur in größeren Teleskopen zu erkennen sind. Besonders bekannt ist der Halleysche Komet, benannt nach dem Astronomen Edmund Halley (1656–1742), der die Bahnen von 24 Kometen berechnet hat. Halley konnte „seinen" Kometen, der 76 Jahre braucht, um die Sonne zu umkreisen, dreimal an von ihm vorausberechneten Orten wiederfinden.

Zwei Schweife

Einige Kometen kommen der Sonne so nahe, dass der Sonnenwind Teile des Gases aus der Koma in eine Richtung blasen kann – es bildet sich ein Gasschweif, der immer von der Sonne wegzeigt, dabei aber wirbelt und abknickt, weil der Sonnenwind auch verbogene und verzerrte Magnetfelder von der Sonne mitschleppt. Der Gasschweif kann bis zu 10 Mio. km lang werden! Zugleich verliert der Komet auch Staub und Steinchen, die der Sonnenwind wegdrückt. So bildet sich ein zweiter (Staub)-Schweif; er ist etwas stärker gebogen und leuchtet nicht so hell wie der Gasschweif.

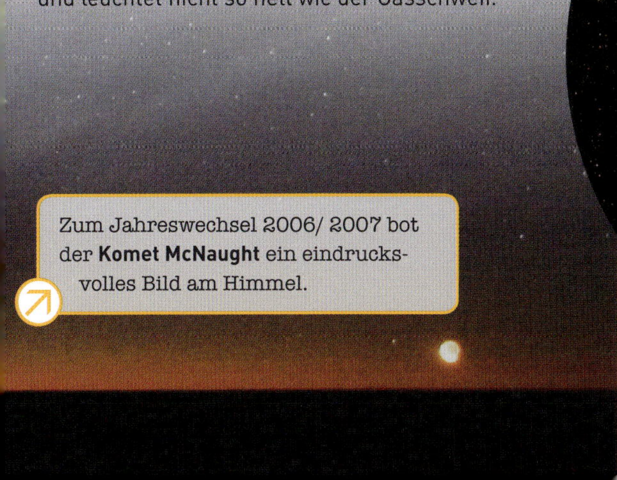

Zum Jahreswechsel 2006/ 2007 bot der **Komet McNaught** ein eindrucksvolles Bild am Himmel.

Der **Komet NEAT** wurde 2001 entdeckt.

Quizfragen

1

Was ist – nach Sonne und Mond – das hellste Objekt am Himmel?

a) der Stern Sirius
b) der Planet Mars
c) der Planet Venus
d) die Andromedagalaxie

2

Warum sieht man Planeten als Lichtpünktchen am Himmel?

a) Weil das Gas in ihrer Atmosphäre leuchtet.
b) Planeten leuchten nicht selbst. Sie werden von der Sonne angestrahlt.
c) Planeten glühen wie die Sonne.
d) Stimmt gar nicht: Manche Planeten sind ganz schwarz.

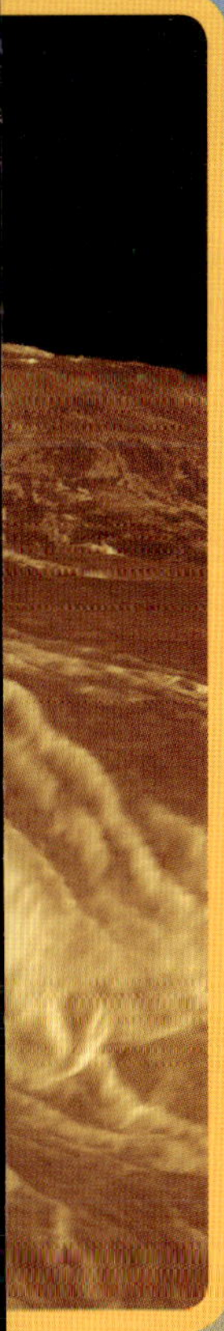

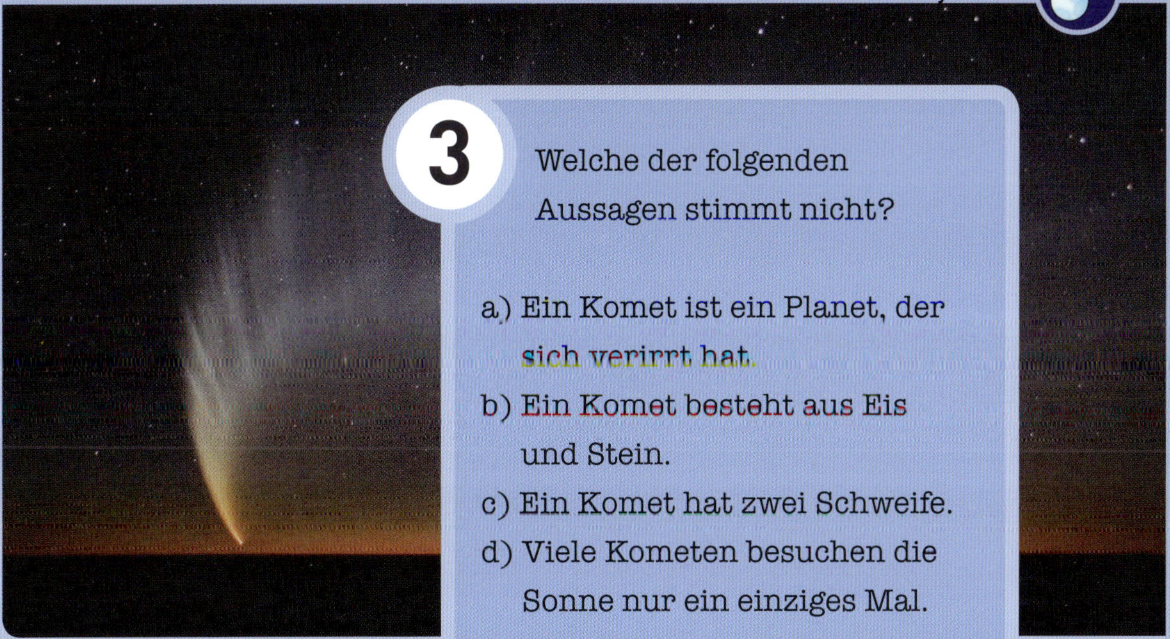

3 Welche der folgenden Aussagen stimmt nicht?

a) Ein Komet ist ein Planet, der sich verirrt hat.
b) Ein Komet besteht aus Eis und Stein.
c) Ein Komet hat zwei Schweife.
d) Viele Kometen besuchen die Sonne nur ein einziges Mal.

4 Warum sieht man den Mond regelmäßig als Halbmond?

a) Weil der Schatten der Erde auf ihn fällt.
b) Weil die Sonne ihn von der Seite anstrahlt.
c) Weil nur eine Seite des Mondes leuchtet.

5 Ordne diese vier Planeten nach ihrem Abstand von der Sonne:

a) Erde
b) Venus
c) Merkur
d) Saturn

Als **Galileo Galilei** 1610 die vier größten Monde des Jupiters entdeckte, begann er am geozentrischen Weltbild zu zweifeln.

Die Geschichte der Astronomie

Seit Jahrtausenden beobachten die Menschen den Auf- und Untergang der Sterne. Doch erst seit etwa 450 Jahren ist allgemein akzeptiert, dass die Sonne im Mittelpunkt des Sonnensystems steht!

Astronomie und Astrologie

In der Antike und dem Mittelalter arbeiteten Astronomen als Wetterpropheten, Kalenderexperten – und als Astrologen. Sie ermittelten nicht nur den Frühlingsbeginn, sondern versuchten auch, aus dem Stand von Sonne, Mond und Sternen das Schicksal der Menschen herauszulesen. Selbst im 17. und 18. Jh. verdienten Hof-Astronomen noch ihr Geld mit dem Schreiben von Horoskopen, beispielsweise der französische Astronom Domenico Cassini (1625–1712). Gleichzeitig erforschten viele dieser Astronomen aber auch tatsächlich den Himmel: Cassini entdeckte z. B. den Großen Roten Fleck auf dem Jupiter und vermaß die Rotation des Riesenplaneten.

Rückläufigkeit von Planeten

Die meisten Astronomen der Antike nahmen an, dass Sonne, Mond und Sterne auf Kreisbahnen um die Erde wandern. Doch sie hatten ein Problem, denn offensichtlich hielten sich die Planeten nicht an dieses geozentrische Weltbild. Sie zogen zwar meist brav vor den Fixsternen vorbei, um dann aber plötzlich die Bewegungsrichtung umzukehren und eine Zeitlang rückwärts zu wandern. Astronomen um Ptolemäus (ca. 100–175 n. Chr.) hatten daher die Idee, die Planeten auf kleinen Kreisen wandern zu lassen, die sich ihrerseits auf großen Kreisen um die Erde bewegten. Diese komplizierte Epizykeltheorie wurde erst im heliozentrischen Weltbild unnötig, bei dem die Planeten um die Sonne laufen. Hier kann man die Rückläufigkeit durch die unterschiedlichen Umlaufgeschwindigkeiten der Planeten erklären (s. Illustration rechts).

Vier Monde stürzen ein Weltbild

Die „Galileischen Monde" des Jupiters (Io, Europa, Ganymed und Callisto) kann man schon mit einem einfachen Fernglas als kleine Lichtpunkte in seiner Nähe sehen. 1610 entdeckte Galileo Galilei die Monde neben dem Jupiter und wunderte sich: Die Pünktchen verschoben sich innerhalb von Tagen. Das konnte nur bedeuten, dass sie um den Jupiter kreisten – und damit konnte die Erde nicht das einzige Zentrum im Sonnensystem sein. Das war der Anfang vom Ende für das geozentrische Weltbild, in dem alle Himmelskörper um die Erde kreisen.

Infobox

Isaac Newton

Issac Newton (1643–1726) gehört zu den wichtigsten Physikern – vor allem wegen seiner Entdeckung des Gravitationsgesetzes, mit dem man beschreiben kann, wie stark Sonne, Mond und Planeten sich gegenseitig anziehen. Newton hat aber auch ein mathematisches Verfahren entwickelt, die „Infinitesimalrechnung", ohne das die moderne Physik nicht möglich wäre. Privat galt er als schwierig: Er war oft nicht ansprechbar und in Gedanken versunken, und manchmal zeigte er sich sogar sehr unhöflich. So besuchte er einmal den Astronomen John Flamsteed persönlich, weil er gewisse Beobachtungsdaten von ihm wollte. Als der gewissenhafte Flamsteed ihm sagte, er sei noch nicht so weit, beschimpfte ihn Newton und nannte ihn ein „kleines Hündchen"!

Rückläufigkeit

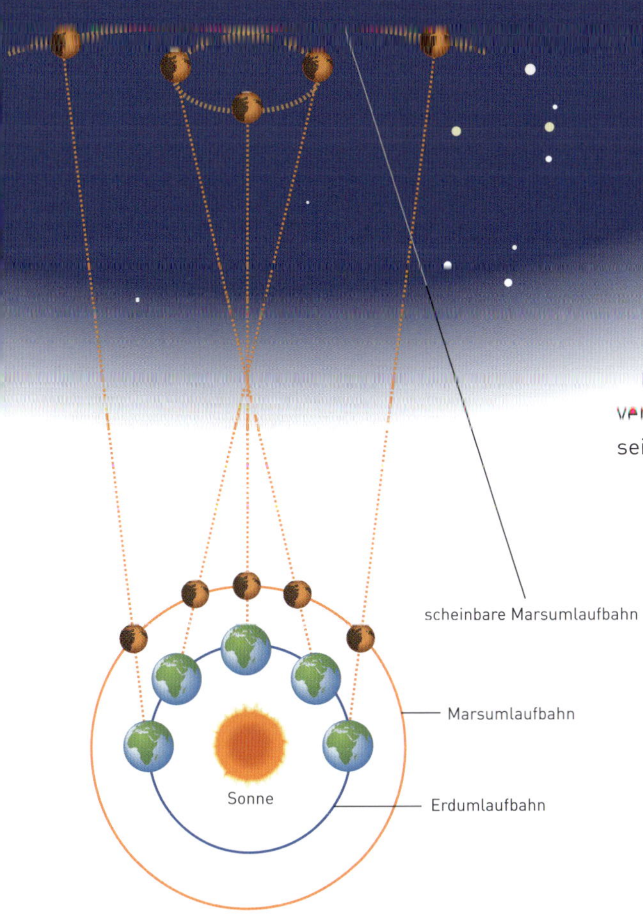

Heliozentrisches Weltbild

Schon in der Antike hatte Aristarch von Samos (etwa 310–230 v. Chr.) versucht, die Sonne in den Mittelpunkt des Sonnensystems zu setzen. Dasselbe versuchten Astronomen zum Ausgang des Mittelalters, allen voran Nikolaus Kopernikus (1473–1543). Johannes Kepler (1571–1630) nahm dann Kopernikus' Ideen ernst und berechnete, wie die Planeten auf Ellipsen um die Sonne kreisen. Er verwendete dazu Zahlenmaterial des dänischen Astronomen Tycho Brahe (1546–1601). Der hatte den Stand von Sonne und Planeten genau vermessen, weil er sich über Fehler in seinen Horoskopen geärgert hatte.

Tycho Brahe vermaß die Vorgänge am Himmel sehr genau.

Das **Very Large Array** besteht aus 27 jeweils 25 m durchmessenden Radioteleskopen in New Mexico.

Teleskope

Das wichtigste Werkzeug der Astronomie ist das Teleskop. Erst Teleskope eröffnen den Blick tief ins All und auf die Oberfläche ferner Planeten und Planetoiden. Doch nicht alle Teleskope sehen so aus wie das von Galileo Galilei.

Viele verschiedene Teleskope

Sterne, Galaxien und Nebel senden ganz unterschiedliches Licht ins All. Mit bloßem Auge oder dem Fernglas erkennt man nur das Licht im sichtbaren Bereich des Spektrums. Heute sind auch Röntgenlicht, Gammastrahlung, Wärmestrahlung und andere Wellen im Blickfeld der Astronomen. Für jede Art von Licht entwickelten sie einen eigenen Typ von Teleskop.

Spiegelteleskope

Ende des 17. Jhs. kamen Astronomen auf die Idee, einen gebogenen Glasspiegel zum Bau von Teleskopen einzusetzen. Als einer der ersten entwickelte der Mathematiker Isaac Newton Spiegelteleskope. Bei einem Spiegelteleskop (Reflektor) fällt das Sternlicht auf den Spiegel am Boden des Tubus. Von dort wird es gebündelt auf einen zweiten kleinen Spiegel im Tubus zurückgeworfen und hier ins Auge des Betrachters umgelenkt, der von der Seite in den Tubus blickt. Im Gegensatz zu Linsenteleskopen erzeugen selbst große Spiegelteleskope kaum Bildfehler.

Linsenteleskope

Zwei Linsen, die an den beiden Enden einer Röhre („Tubus") eingesetzt werden, bilden das Linsenteleskop (Refraktor), wie es Galileo Galilei verwendet hat. Es war Anfang des 17. Jhs. in den Niederlanden erfunden worden; Galilei verwendete es nicht nur für die Himmelsbeobachtung, sondern baute und verkaufte Teleskope auch für militärische Zwecke. Ein Linsenteleskop wird umso lichtstärker, je größer der Durchmesser des Rohres ist – dann sammelt das Teleskop mehr Licht ein. Doch dabei gibt es ein Problem: Größere Linsen erzeugen mehr optische Fehler. Sie verzerren das Bild, und es entstehen Farbfehler.

Linsenteleskop

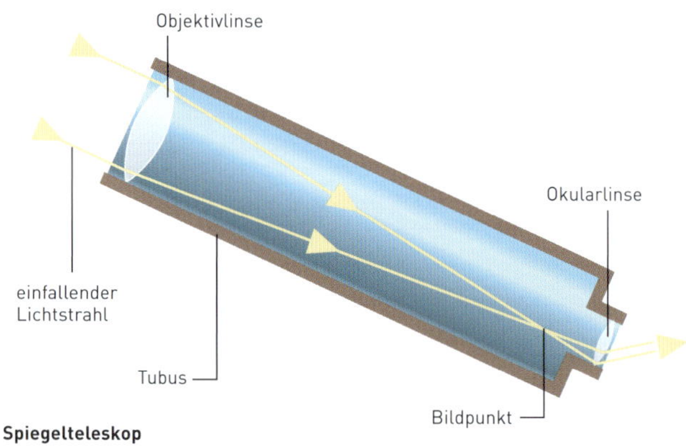

Spiegelteleskop

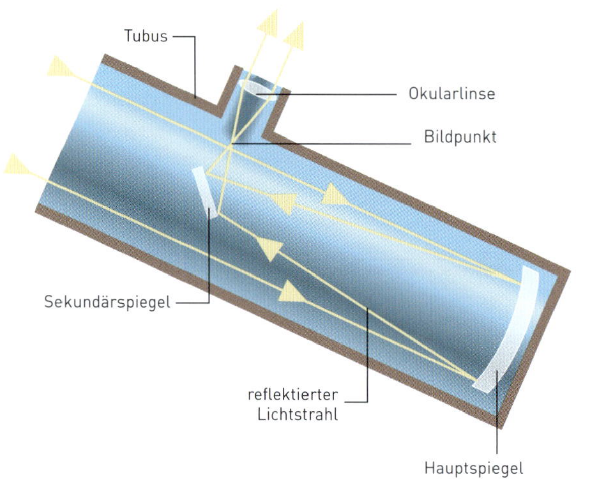

Infobox

Arrays und seltsame Teleskope

Heute werden oft viele kleinere Teleskope zu einem einzigen Teleskop zusammengeschaltet, einem sogenannten Array. Das Radioteleskop Lofar ist solch ein Array: Einige astronomische Institute in Europa haben Antennen installiert, die wie große Kisten aussehen. Damit fangen sie Radiowellen aus dem All ein und senden die Daten an eine Zentrale in den Niederlanden. So entsteht ein Teleskop, das sich über ganz Europa erstreckt. Ein anderes Array befindet sich unter dem Eis der Antarktis: Das Teleskop Amanda besteht aus 677 Kugeln, die an langen Kabeln ins Meerwasser unter dem Eis abgelassen wurden. Jede Kugel enthält eine Art Kamera, die Lichtblitze einfängt, die entstehen, wenn spezielle Teilchen aus der Sonne, sogenannte Neutrinos, ins Meerwasser rasen. Ganz anders sieht das Gravitationswellenexperiment Geo600 aus: Es besteht aus ein paar Containern und zwei langen Rohren entlang zweier Feldwege in Hannover. Mit den Fernrohren von Galileo Galilei oder Newton haben diese Teleskope nichts mehr gemein!

Das **Geo600** sieht wahrlich nicht wie ein „normales“ Teleskop aus.

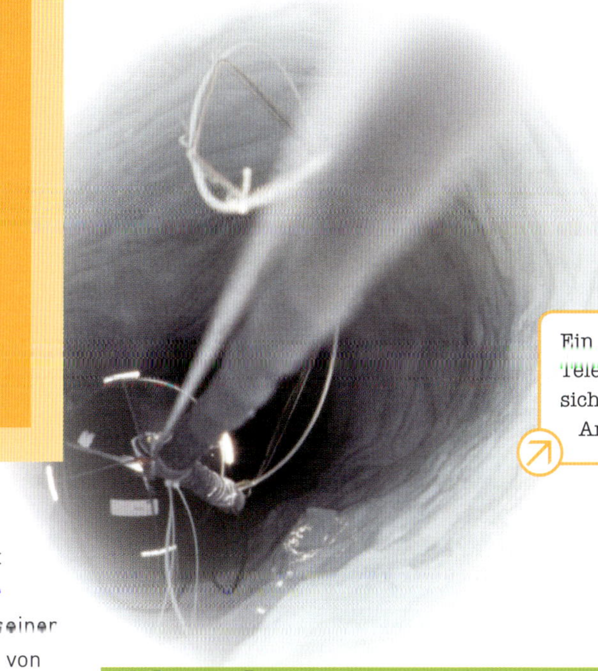

Ein ganz spezielles Teleskop, **Amanda**, befindet sich unter dem Eis der Antarktis.

Monster-Spiegelteleskope

Bald entstanden die ersten Riesenteleskope. Zuerst konstruierte der Musiker, Teleskopbauer und Astronom William Herschel (1738–1822) zusammen mit seiner Schwester ein Spiegelteleskop von 12 m Länge, das von einem Kran gehalten wurde. Wenig später baute William Parsons (1800–1867), zur Beobachtung von Spiralnebeln ein noch größeres Teleskop (17 m lang), den „Leviathan von Parsonstown“. Doch im Vergleich zu modernen Spiegelteleskopen sind selbst diese Teleskope Winzlinge – was sich schon an den Namen zeigt: Die Europäische Südsternwarte, eine Organisation für astronomische Forschung, baut an einem „Europäischen extrem großen Teleskop“ – mit einem Spiegel-Durchmesser von 39 m.

Aktivbox

Entdecke die Jupitermonde!

Das brauchst du: einen Feldstecher.

Informiere dich in einem Sternenführer oder im Internet, wann und wo Jupiter optimal am Himmel zu sehen ist. Versuche dann, die Jupitermonde zu finden: Sie stehen als winzige Lichtpünktchen nahe beim Jupiter. Wie Galileo solltest du nun ein paar Abende oder Nächte hintereinander die Positionen der Monde notieren. Und wenn du die Monde nicht auf Anhieb entdeckst, denke daran: Galileos Fernrohr war kaum besser als billige Spielzeugferngläser von heute!

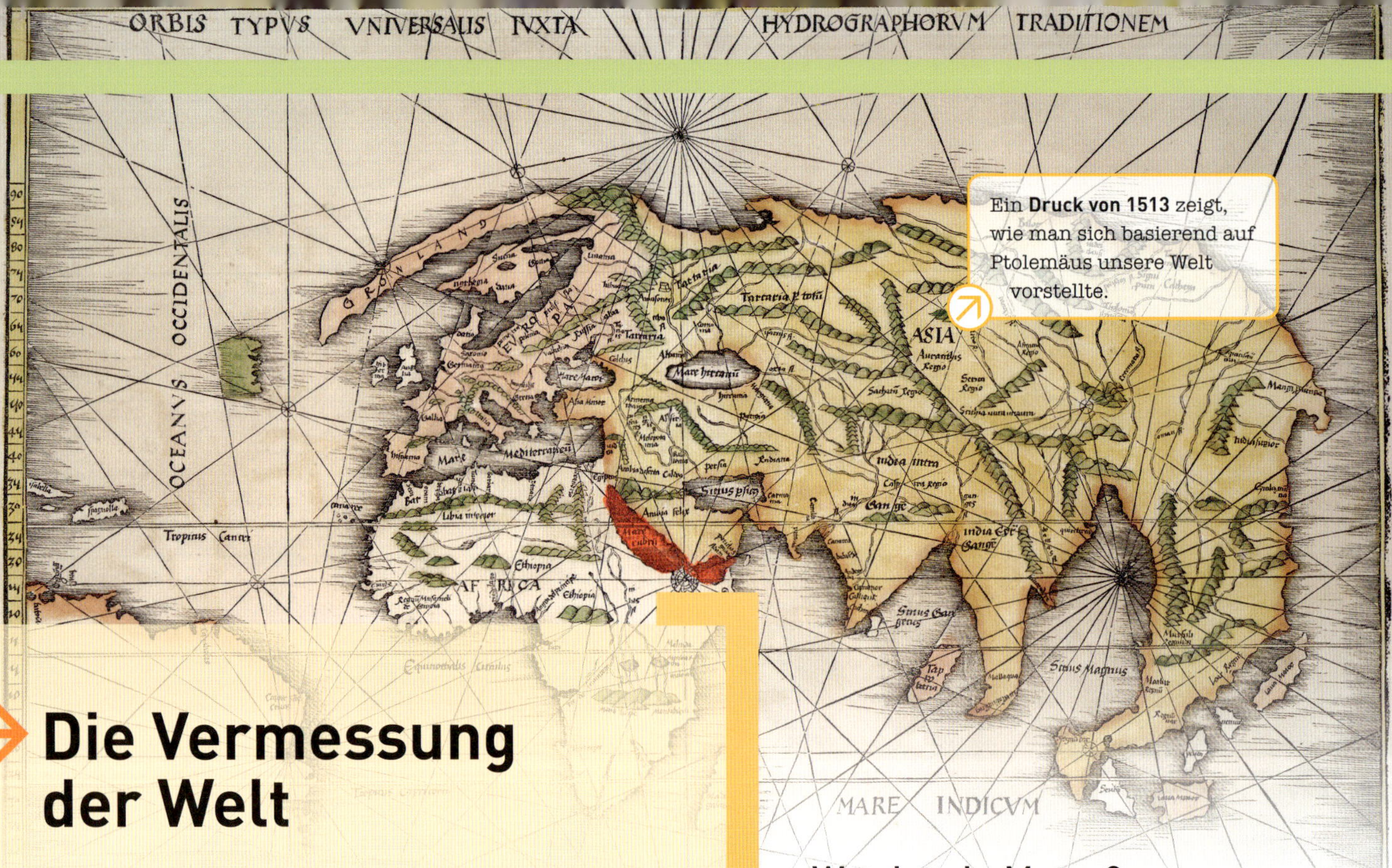

Ein **Druck von 1513** zeigt, wie man sich basierend auf Ptolemäus unsere Welt vorstellte.

Die Vermessung der Welt

Woher weiß man, wie weit die Sonne entfernt ist – oder Sterne, zu denen das Licht alleine schon Jahrzehnte unterwegs ist? Physiker verwenden dazu Tricks aus der Mathematik.

Astronomen als Landvermesser

Die ersten Astronomen blickten in den Himmel, um aus den Sternen die Zukunft zu erfahren, die Zeit zu bestimmen – oder, um die Erde zu vermessen. Die Sterne halfen ihnen z. B. bei der Navigation von Schiffen oder bei der Landvermessung nach den Nilschwemmen in Ägypten. Der Astronom Ptolemäus entwickelte im 2. Jh. n. Chr. die erste Weltkarte.

Ein Druck, der Anfang des 16. Jhs. entstand, zeigt, wie **Ptolemäus** die Welt mithilfe der Sterne vermisst.

Was ist ein Meter?

Noch 1600 Jahre nach Ptolomäus waren Astronomen mit der Vermessung der Erde beschäftigt. Sie wollten u. a. wissen, wie stark die Erdkugel gekrümmt ist. Weil die Erde sich dreht, ist sie nämlich keine Kugel, sondern an den Polen ein wenig abgeplattet – sie ist ein Rotationsellipsoid. Um dies zu vermessen, wurden sogar Expeditionen nach Lappland und Peru gesandt. Damals legte man den Meter als zehn Millionsten Teil der kürzesten Strecke fest, die vom Nordpol über Paris zum Äquator führt. Auch wenn man sich dabei verrechnete und der Meter heute ganz anders definiert wird – seine Länge wurde seitdem beibehalten.

Die Entfernung zum Mond

Schon in der Antike interessierten sich Astronomen auch für die Abstände im All. Sie fragten sich z. B., wie weit der Mond von der Erde entfernt ist. Hipparch (ca. 194–120 v. Chr.), der in Rhodos lebte, nutzte aus, dass Kollegen vor ihm an verschiedenen Orten dieselbe Sonnenfinsternis beobachtet hatten. An den Dardanellen (in der heutigen Türkei) war die Finsternis total, in Alexandria war dagegen noch ein Fünftel der Sonnenscheibe zu sehen. Mit dieser Information und mithilfe des Abstandes Dardanellen–Alexandria konnte Hipparch den Abstand zum Mond abschätzen. Er kam auf 67 bis 78 Erdradien – eine hervorragende Schätzung, denn tatsächlich sind es etwas mehr als 60.

Aktivbox

Parallaxe ermitteln

Halte das linke Auge geschlossen, strecke einen Arm aus und halte den Daumen so, dass er z. B. eine nahe Straßenlaterne verdeckt. Bewege dich nicht, öffne nur das linke Auge und schließe das rechte. Die Straßenlaterne „springt" und wird sichtbar, weil du die Laterne von zwei verschiedenen Positionen aus beobachtet hast. Der Winkel zwischen den Augen und der Straßenlaterne ist die Parallaxe (s. rechts Mitte).

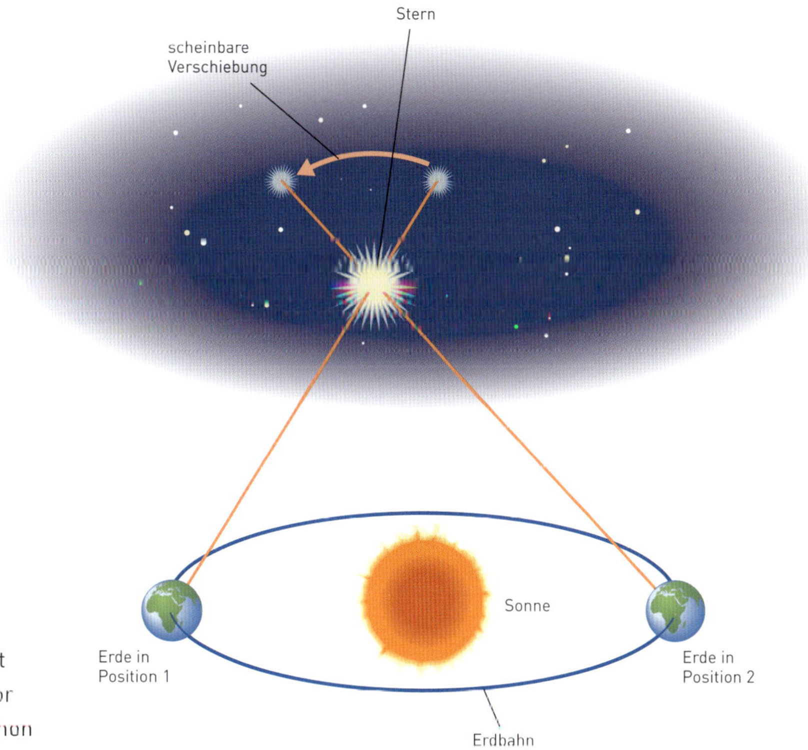

Mithilfe der **Parallaxe** und der Entfernung der Beobachtungsorte lässt sich die Entfernung des Sterns berechnen.

Die Messung der Parallaxe

Fotografiert man ein nahes Objekt – z. B. einen Planeten – gleichzeitig von zwei Orten auf der Erdkugel aus, dann steht er auf den Fotos an zwei etwas unterschiedlichen Stellen vor dem Fixsternhintergrund. Ganz ähnlich kann man einen nahen Stern einmal im Frühjahr und einmal im Herbst fotografieren. Die Verschiebung des Planeten oder Sternes nennt man Parallaxe. Kennt man den Abstand, in dem die Fotos gemacht wurden und seine Parallaxe, dann kann man daraus die Entfernung des Sternes berechnen. Das Problem: Bei Sternen ist die Parallaxe durch die ungeheure Entfernung ziemlich klein. Die erste Parallaxe bei einem Stern wurde daher erst 1838 gemessen: Friedrich Bessel (1784–1864) bestimmte damit die Entfernung des Sterns 61 Cygni.

Hipparch ermittelte die **Mondentfernung** schon recht genau.

Infobox

Ein anderer Trick zur Entfernungsmessung

Dem dänischen Astronomen Olaus Rømer (1644–1710) fiel bei der Beobachtung des Jupiters etwas Seltsames auf: Die Jupiter-Monde gingen früher oder später auf als in den Tabellen verzeichnet; der Unterschied betrug ein paar Minuten. Rømer erkannte, dass die Lichtgeschwindigkeit dahinter steckte: Offenkundig änderte sich der Abstand Jupiter–Erde, und dadurch sah er den Durchgang der Monde mal früher und mal später. Rømer ermittelte damit die Lichtgeschwindigkeit. Doch man kann auch umgekehrt vorgehen: Wenn die Lichtgeschwindigkeit und der Zeitpunkt eines Ereignisses – z. B. ein Monddurchlauf – bekannt sind, kann man aus der Verzögerung der Beobachtung die Entfernung berechnen.

Der **Adlernebel** wird auch als M16 oder NGC 6611 bezeichnet.

Der sortierte Himmel

Schon antike Astronomen ordneten die Sterne am Himmel und erstellten die ersten Sternkataloge – Verzeichnisse, die das Auffinden der Objekte am Himmel erleichtern sollten.

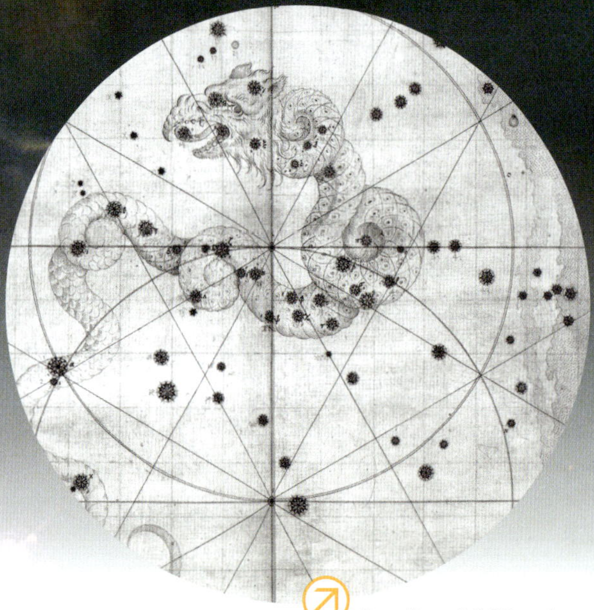

Das Sternbild Drache in einer Darstellung von **Johann Bayer**.

Größenklassen Der griechische Astronom Hipparch sortierte die Sterne nach ihrer scheinbaren Helligkeit, mit der sie einem irdischen Beobachter erscheinen. Er legte sechs Helligkeitsstufen fest (heute: „Größenklassen"): Sterne der Klasse 1 sind am hellsten, Sterne der Klasse 6 sind mit bloßem Auge gerade noch zu sehen, wenn der Himmel sehr dunkel ist. Dieser Sortierung folgt man bis heute. Es gibt 14 Sterne der Größenklasse 1. Insgesamt kann man mit bloßem Auge, also bis zur 6. Größenklasse, 6800 Sterne erkennen, die über die gesamte Himmelskuppel verstreut sind. Tatsächlich sieht man davon aber nur die Hälfte: Der Himmel erscheint ja wie eine Halbkugel, die vom Horizont begrenzt wird. Mit Teleskopen nimmt die Zahl der beobachtbaren Sterne gewaltig zu: Bereits ein einziger Sternhaufen kann mehr als eine halbe Million Sterne enthalten, und davon gibt es Milliarden!

Sterne sortieren Der deutsche Astronom Johann Bayer (1572–1625) sortierte Anfang des 17. Jhs. die Sterne innerhalb der Sternbilder (s. Infobox) nach ihrer Helligkeit. Der jeweils hellste Stern eines Sternbildes erhält seither die Bezeichnung „Alpha", gefolgt vom lateinischen Namen des Sternbildes; der zweithellste heißt dann „Beta" usw. Alpha Centauri ist z. B. der hellste Stern im Sternbild Centaurus (Zentaur), und Pollux heißt auch noch Beta Geminorum, denn er ist der zweithellste Stern im Sternbild Zwillinge.

Messiers großer Katalog

Immer wieder ärgerte sich der französische Astronom Charles Messier (1730–1817) über das Durcheinander am Himmel: Bei der Suche nach Kometen oder Planeten entdeckte er ständig störende kleine verschwommene Flecken im Teleskop. Er begann eine Liste dieser seltsamen Objekte zu erstellen – und die wuchs schnell. 1771 veröffentlichte Messier den ersten Katalog mit 45 Objekten, wenig später waren es schon um die 60. Nach Messiers Tod fand man noch Einträge in seinen Notizbüchern; heute tragen daher 110 Objekte am Himmel ein M und eine Nummer. Darunter ist auch M31 – die Spiralgalaxie im Sternbild Andromeda, die der Milchstraße am nächsten ist. Manche Hobbyastronomen machen sich einen Spaß daraus, innerhalb möglichst kurzer Zeit alle 110 Messier-Objekte zu fotografieren und veranstalten einen „Messier-Marathon" am Nachthimmel!

Infobox

NGC und andere Kataloge

Messiers Katalog blieb nicht der einzige Sternkatalog der Neuzeit: Andere Astronomen begannen ebenfalls damit, Kataloge von Sternen, Galaxien und anderen Objekten anzulegen. Berühmt wurde auch der New General Catalogue (NGC) aus dem ausgehenden 19. Jh. Heute arbeiten Astronomen auch mit Roboterteleskopen, die den Himmel automatisch abfotografieren und vermessen. Dabei entstand z. B. der gewaltige Sloan Digital Sky Survey, der mehr als 2,3 Mrd. Sterne enthält!

Infobox

Sternbilder

Für die Menschen der Antike gehörten Sterne und Sagen zusammen. So schufen sie die Sternbilder. Doch die Babylonier, Ägypter und Griechen hatten vor allem die Nordhalbkugel im Blick; erst im 19. Jh. begann man auch die südliche Hemisphäre ins Auge zu fassen. Daher gibt es im Süden auch einige „moderne" Sternbilder, u. a. die „Luftpumpe", den „Chemischen Ofen" oder „Musca", die Fliege. 1930 legte die Internationale Astronomische Union insgesamt 88 Sternbilder fest, die bis heute zur Orientierung am Himmel verwendet werden. Eines der Sternbilder, das man am einfachsten am Himmel finden kann, ist das in Mitteleuropa von August bis April sichtbare Sternbild Orion.

Das Sternbild Orion

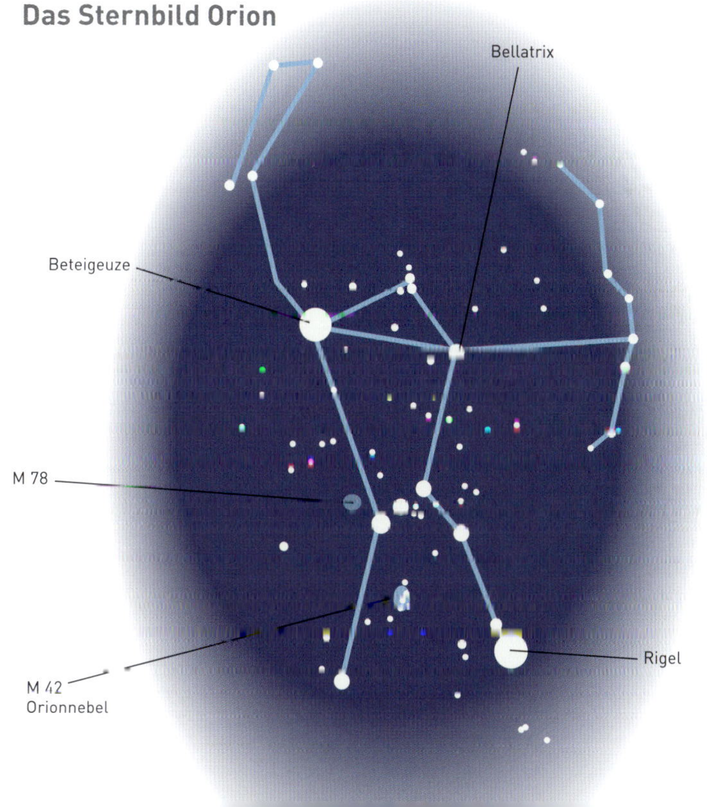

2001 startete man in der Antarktis einen Spezialballon, um kosmische **Mikrowellenstrahlung** zu messen.

Mit **Ballons** misst man beispielsweise Infrarot- und UV-Licht.

Astronomie vom Ballon aus

Fernrohre auf der Erde und Satellitenteleskope im All verstellen den Blick darauf, dass viele wichtige astronomische Erkenntnisse mithilfe von Ballons gewonnen wurden – und immer noch werden.

Ballonteleskope Ballons können die störende Erdatmosphäre unter sich lassen. In etwa 30–50 km Höhe (also in der oberen Stratosphäre) liegen mehr als 99 % der Erdatmosphäre unterhalb des Ballons – man kann dann fast den gesamten Infrarotbereich, das Ultraviolette und harte Röntgen- sowie Gammastrahlung aus dem All beobachten. Seit den 1960er-Jahren schickten Astronomen deshalb Ballonteleskope für alle Spektralbereiche in die Höhe. Erst in den 1980er-Jahren wurden Ballonteleskope teilweise von Weltraumteleskopen überholt.

Testfeld für Weltraumastronomie

Von Ballons aus kann man denselben Spektralbereich beobachten wie mit Satelliten, aber der technische Aufwand, die Kosten und die Vorbereitungszeit sind viel geringer. In aller Regel sind die bei Ballonflügen verwendeten Geräte auch mehrmals einsetzbar. Neue Teleskope, Detektoren und Messinstrumente, die in Satelliten verwendet werden sollen, werden daher oft zuerst im Ballon ausprobiert und weiterentwickelt, bevor sie ins All geschickt werden.

Tragische Anfänge Im März 1874 starteten die beiden Astronomen Théodore Sivel (1834–1875) und Joseph Crocé-Spinelli (1845–1875) erstmals mit einem Ballon – rund 90 Jahre, nachdem die bemannte Ballonfahrt erfunden worden war. Im Auftrag einer französischen Sternwarte sollten die beiden mithilfe eines Handspektroskops untersuchen, ob einige dunkle Linien im Sonnenspektrum durch die Erdatmosphäre verursacht wurden. Doch die Wissenschaftler kamen in der Höhe von 7300 m zu keinem eindeutigen Ergebnis. Bei einem zweiten Versuch stiegen sie 8000 m hoch auf – und starben an Sauerstoffmangel.

Keine bemannten Flüge mehr

1959 stieg der Franzose Audouin Dollfus (1924–2010) mithilfe von über 100 Ballons 13 500 m hoch auf – allerdings nicht ungeschützt, sondern in einer Druckkapsel, an die er ein 50 cm langes Teleskop montiert hatte. Er untersuchte damit den Wasserstoffgehalt in den Atmosphären von Mars und Venus. Nach diesem aufwändigen Experiment gingen Astronomen dazu über, nur noch Instrumente mit Ballons in die Höhe zu schicken: So ließen u. a. die Physiker Martin Schwarzschild (1912–1997) und James van Allen vom Ende der 1950er-Jahre bis Anfang der 1970er-Jahre mit Teleskopen ausgerüstete Ballons bis in die Stratosphäre aufsteigen.

Ballontypen

Heißluftballons können nicht hoch genug aufsteigen. Für die Ballonastronomie setzt man daher entweder Überdruckballons oder Gleichdruckballons ein. Überdruckballons bestehen aus reißfestem Kunststoff, der sich beim Aufsteigen ausdehnt, bis der Innendruck nur noch leicht über dem Außendruck liegt. Sie werden nicht nur auf der Erde eingesetzt: Auf der Nachtseite der Venus schwebten auf der Vega-Mission bereits Überdruckballons aus Teflonfolie. Gleichdruckballons haben im Gegensatz dazu unten eine Öffnung. Ihre gigantische Hülle wird zum Start mit etwas Wasserstoff oder Helium gefüllt (1 % des Volumens). Während des Aufstiegs dehnt sich das Gas (und der Ballon) aus. Sobald der Ballon in 30–50 km sein maximales Volumen erreicht, strömt überschüssiges Gas durch den immer offenen Gasauslass, und der Ballon schwebt tage- oder wochenlang in der oberen Atmosphäre.

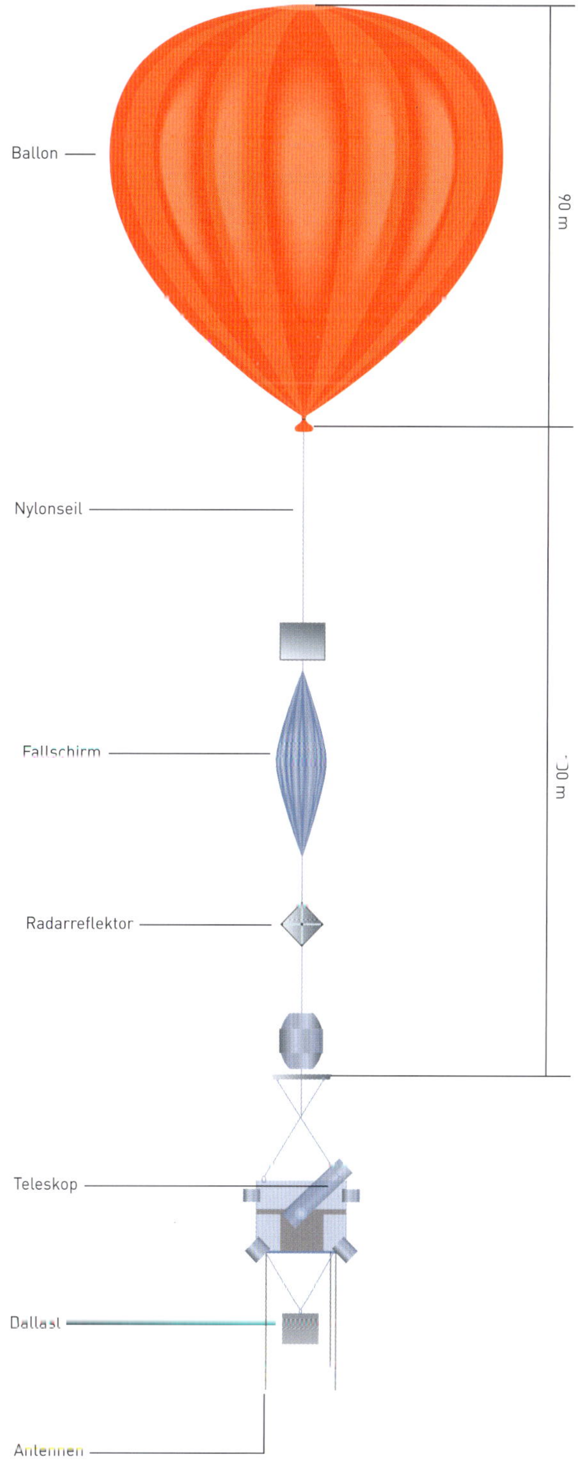

Infobox

Herausforderungen

Ballonkonstrukteure müssen nicht nur die Ballons in die richtige Höhe bringen – auch das Ausrichten und Stabilisieren der Messinstrumente an Bord ist sehr anspruchsvoll. Beim Sonnenteleskop Sunrise (Bild oben), das im Sommer 2009 sechs Tage lang von Schweden nach Kanada flog, nutzte man z. B. die Windströmungen aus. Sunrise driftete in einer Höhe von rund 35 km und fotografierte dabei ununterbrochen die Sonne.

Der Ballon hebt nicht nur das eigentliche Teleskop, sondern auch **Ballast und Geräte**. Alles zusammen wiegt so viel wie ein großer Lastwagen!

Der **Krabbennebel** ist der Überrest einer Supernova, die chinesische Astronomen 1054 beobachteten.

Aktivbox

Sternnamen und ihre Bedeutung

Viele Sternbilder und -namen haben eine griechische oder arabische Bedeutung. Versuche im Internet oder in Lexika Sternennamen zu finden und herauszubekommen, was sie bedeuten. Ein paar Beispiele: Der hellste Stern im Sternbild Fisch trägt den seltsamen Namen Fomalhaut – eine Verballhornung des arabischen „Fam al-Hut“, was soviel bedeutet wie Fischmaul. Algebar ist der zweithellste Stern im Sternbild Orion. Sein Name kommt vom arabischen „Al-Jabbar“, was Gigant heißt. Er hat noch einen zweiten Namen: Rigel. Das kommt vom arabischen „Rigl“, was „Fuß“ bedeutet – denn Algebar bildet auch den linken Fuß des Orions.

Die Beobachtung des Himmels

Im Lauf der Geschichte haben sich die Möglichkeiten der Astronomen sehr erweitert. Noch vor 500 Jahren waren sie auf das bloße Auge angewiesen. Mit der Entwicklung von Instrumenten änderten sich aber auch die Interessen der Astronomen.

Antike Astronomie Antike Astronomen kannten die sechs Planeten Merkur, Venus, Erde, Mars, Jupiter und Saturn und viele Sternbilder. Genauer konnten sie aber nur relativ nahe Objekte untersuchen – sie schätzten z. B. die Entfernungen von Mond und Sonne zur Erde ab. Der Mond war auch aus anderen Gründen ein zentrales Objekt der antiken Astronomie: Er gliederte mit seinen Phasen das Jahr und bedeckte immer wieder die Sonne. Solche Sonnenfinsternisse galten als einschneidende Ereignisse und wurden mit großer Genauigkeit berechnet.

Supernovae Der Krabbennebel sieht heute fast aus, als wäre er ein Wesen aus der Tiefsee. Doch im Jahr 1054 konnten chinesische Astronomen den neuen „Gast unter den Sternen“ sogar am Tag sehen, wie sie in ihren Chroniken vermerkten. Heute wissen wir: Die Astronomen hatten 1054 eine Supernova beobachtet, und der Krabbennebel ist das, was von ihr übrigblieb. Man kennt noch andere Reste von Supernovae, die antike Astronomen beobachtet haben: Mit dem Röntgenteleskop Chandra fand man u. a. die Überbleibsel einer Supernova aus dem Jahr 386. Und 1604 beobachtete Johannes Kepler das Aufscheinen eines neuen „Sterns“ in der Milchstraße im Sternbild Schlangenträger. Es blieb ein Nebel übrig, den heutige Astronomen als SN 1604 kennen.

Das Sternbild „Tänzer“ aus dem „Buch der Fixsterne“ von **Abd ar-Rahman as-Sufi**.

Jeremiah Horrocks beobachtete 1639 einen **Venusdurchgang**.

Infobox

Venusdurchgänge

Manchmal zieht der Planet Venus vor der Sonne vorbei – und das 1607/08 erfundene Teleskop ermöglichte es Astronomen im Barock, diese Venusdurchgänge genau zu verfolgen. Wenn man die Zeit misst, die die Venus braucht, um die Sonnenscheibe zu überqueren, dann weiß man – bei bekanntem Sonnendurchmesser – wie schnell sich die Venus bewegt. Daraus wiederum lässt sich die Entfernung Venus–Sonne und der Durchmesser der Venus abschätzen. Das machte auch der Astronom Jeremiah Horrocks (1618–1641), ein britischer Uhrmacher, der als einziger Mensch den Venusdurchgang von 1639 korrekt voraussagte.

Arabische Astronomie

Zwei Sterne in der Deichsel im Sternbild Großer Wagen gelten seit jeher als „Augenprüfer“: Alkor und Mizar stehen am Himmel nahe beieinander (in Wirklichkeit sind sie etwa drei Lichtjahre voneinander entfernt) und sind nur von Menschen mit guten Augen auseinanderzuhalten. Ihre arabischen Namen tragen die beiden nicht von ungefähr: Nach den Griechen trieben arabische Astronomen im Mittelalter die Astronomie durch ihre Arbeiten in Optik, Physik und Mathematik maßgeblich voran. Und sie beobachteten den Himmel genau – der Astronom Abd ar-Rahman as-Sufi (903–986) etwa erweiterte die Liste der Fixsterne beträchtlich, die Ptolemäus erstellt hatte. Viele der arabischen Namen für die 1018 Sterne und Objekte, die er notierte, benutzen wir noch heute. In der Liste des Abd ar-Rahman as-Sufi findet sich übrigens auch die erste schriftliche Erwähnung des Andromeda-Nebels!

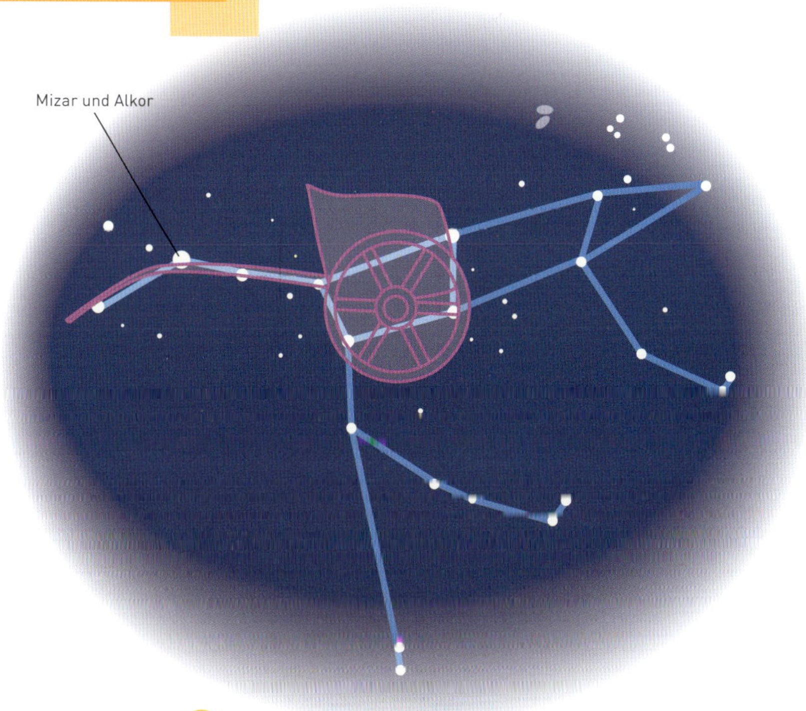

Die sieben hellsten Sterne des Sternbilds Großer Bär bilden das Sternbild **Großer Wagen**.

Quizfragen

1 Welche Beobachtung antiker Astronomen machte im geozentrischen Weltbild große Probleme?

a) das Eintreten von Sonnenfinsternissen
b) die Rückläufigkeit der Planeten
c) das plötzliche Auftreten von Kometen

2 Welche der folgenden Astronomen vertraten ein heliozentrisches Weltbild?

a) Nikolaus Kopernikus
b) Johannes Kepler
c) Ptolemäus
d) Aristarch von Samos

3 Welche der folgenden Begriffe und Namen gehören zusammen?

a) Spiegelteleskop
b) Linsenteleskop
c) Isaac Newton
d) Galileo Galilei

4 Ordne zu: a) Internationale Astronomische Union, b) Johann Bayer, c) Hipparch, d) Charles Messier

1) ... ordnete die Sterne nach ihrer Helligkeit.
2) ... ordnete die Sterne eines Sternbilds nach ihrer Helligkeit.
3) ... erstellte einen Sternkatalog.
4) ... legte 88 Sternbilder fest.

5 Friedrich Bessel vermaß die erste Stern-Parallaxe. Was konnte er damit berechnen?

a) die Lichtgeschwindigkeit
b) die Entfernung des Sterns zur Erde
c) den nächsten Sonnendurchgang der Venus

Die Illustration zeigt das Raumschiff **Wostok 1,** mit dem Juri Gagarin als erster Mensch ins All flog.

Menschen im All

Zuerst wurden ein paar Tiere vorgeschickt, dann kamen die Menschen selbst an die Reihe: 1961 umkreiste der erste Mensch die Erde.

Vorläufer Voraussetzung für den Flug ins All war eine funktionierende Raketen- und Satellitentechnik. Im Oktober 1957 schoss das russische Militär erstmals erfolgreich einen Satelliten in die Erdumlaufbahn: den Sputnik. Es war der Startschuss für den Wettlauf der Menschen ins All. Die Amerikaner zogen im Februar 1958 mit dem Satelliten Explorer 1 nach. Im Januar 1959 verließ mit Luna 1 dann das erste (russische) Raumfahrzeug die Erdumlaufbahn, verfehlte jedoch sein Ziel, den Mond. Im September desselben Jahres erreichte ihn Luna 2.

Tiere an Bord Das erste Säugetier im All war die Hündin Laika an Bord des sowjetischen Satelliten Sputnik 2 im November 1957. Die Hündin saß in einer speziellen Druckkapsel. Vom Boden aus wurden ihr Herzschlag, Blutdruck und ihre Atemfrequenz gemessen. Eine Rückkehr zur Erde war nicht geplant: Laika starb nach kurzer Zeit an Bord. Die ersten russischen Hunde, die lebend landeten, waren 1960 Belka und Strelka. Die NASA brachte im Dezember 1959 den Rhesusaffen Sam ins All und zurück. Sam zeigte nach seinem 13-minütigen Flug keinerlei Anzeichen von Krankheiten.

Der Affe **Sam** scheint nach seinem Flug recht unbeeindruckt zu sein.

Der Sputnik

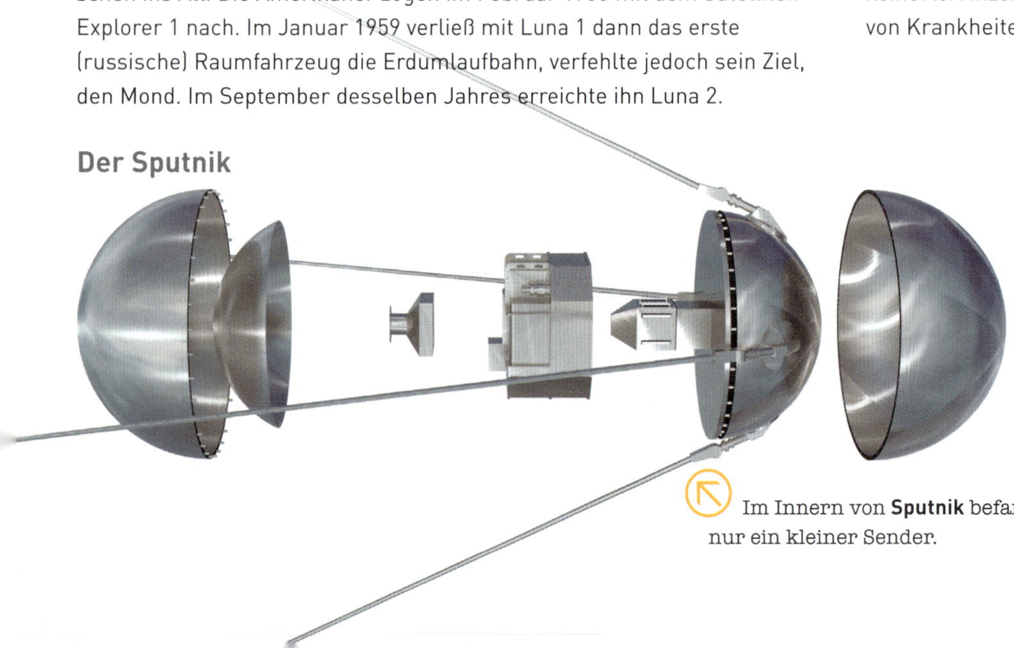

Im Innern von **Sputnik** befand sich nur ein kleiner Sender.

Der erste Mensch im All

Am 12. April 1961 flog der erste Mensch ins All: Der Russe Juri Gagarin umkreiste 1 Stunde und 48 Minuten lang an Bord von Wostok 1 die Erde. Er aß und trank, um die Bedingungen der Schwerelosigkeit zu testen. Am 5. Mai desselben Jahres folgte ihm mit Alan Shepard der erste Amerikaner. Shepard umkreiste die Erde aber nicht, sondern stieg in dem rund 15-minütigen Flug nur etwas mehr als 180 km hoch auf.

Juri Gagarin war der erste Mensch im All.

Der Wettlauf ins All

Beim Wettlauf ins All ging es weniger um wissenschaftliche Erkenntnisse als um Propaganda: Sputnik hatte z. B. nur die Aufgabe, ein Piepssignal auszusenden, bis er nach drei Monaten Flug im Januar 1958 verglühte. Nach dem sogenannten „Sputnik-Schock" gab der amerikanische Präsident Eisenhower die Losung „Schnellstens einen Menschen ins All!" aus, doch die Sowjetunion gewann den Wettlauf mit Gagarin.

Andere Premieren im All

Auch nach den Flügen von Gagarin und Shepard ging der Wettlauf weiter, und zunächst gewann immer die russische Seite: Den ersten zehnminütigen Ausstieg aus der Kapsel vollführte im März 1965 der Russe Alexej Leonow; Anfang Juni desselben Jahres stieg mit Edward White der erste Amerikaner im All aus. Die erste Frau im Weltraum war im Juni 1963 Walentina Tereschkowa, die knapp drei Tage die Erde umkreiste. Danach dauerte es aber fast 20 Jahre, bis 1982 wieder eine Russin ins All flog. Erste Amerikanerin im All war die Physikerin Sally Ride, im Sommer 1983.

Astronautin **Sally Ride** 1983 an Bord des Space Shuttle Challenger

Infobox

Weltraumtourismus

Heute gibt es sogar Tourismus ins All: Der erste „Weltraumtourist" war der Amerikaner Dennis Tito, der im April 2001 an Bord einer russischen Sojus zur Internationalen Raumstation ISS flog. Tito war aber eigentlich ein „halber Astronaut": Er hatte als Raumfahrtingenieur bei der NASA gearbeitet, bevor er als Finanzmakler Millionen machte. Sein Flug kostete ihn 20 Mio. US-Dollar. Mittlerweile sind sieben Privatleute zur ISS geflogen, darunter mit der iranischstämmigen Amerikanerin Anousheh Ansari auch eine Frau.

Die Weltraumkrankheit

Raumflüge sind kein Spaß – doch die ersten Astronauten waren besonders schweren Bedingungen ausgesetzt. German Titov, der zweite Russe im All, beschrieb nach seinem Flug im August 1961 erstmals Symptome einer „Weltraumkrankheit": Ihm war schwindlig und schlecht, er hatte Ohrenprobleme und konnte sich in der Schwerelosigkeit schlecht orientieren. Man glaubt, dass die Hälfte aller Raumfahrer an solchen Problemen leiden, Minuten bis Stunden lang nach dem Eintritt in die Schwerelosigkeit. Offenbar gewöhnen sich Menschen unterschiedlich schnell und gut an die Bedingungen der Schwerelosigkeit.

Edwin Aldrin vor der Landefähre Eagle, deren unterer Teil auf dem Mond zurück blieb.

Die Mondlandung

Im Juli 1969 landeten zum ersten Mal Menschen auf dem Mond. Und sie hinterließen dort mehr als nur Fußabdrücke.

Die ersten Menschen auf dem Mond

Neil Armstrong war als Kommandeur der amerikanischen NASA-Mission Apollo 11 der erste Mensch auf dem Mond. Am 21. Juli 1969 betrat er den Mond, sein Kollege Edwin „Buzz" Aldrin folgte. Der dritte Astronaut, Michael Collins, umkreiste den Mond unterdessen im Mutterschiff. Rund 22 Stunden lang stand die Landefähre Eagle (Adler) auf der Mondoberfläche. Die Spaziergänge von Armstrong und Aldrin dauerten insgesamt 2,5 Stunden.

Wo fand die Landung statt? Der Landeplatz von Apollo 11 liegt im Mare Tranquilitatis, dem „Meer der Ruhe". Das Gebiet war sorgfältig ausgewählt worden: Es ist eben und lag während des Aufenthalts von Eagle in der Sonne. 2009 machte die NASA mit der Sonde „Lunar Reconnaissance Orbiter" Fotos von den Landungsplätzen von Apollo 11 und den darauffolgenden Apollo-Missionen.

Was machten die Menschen auf dem Mond? Apollo 11 hatte eigentlich nur das Ziel, Menschen auf den Mond zu bringen. Zu den wichtigsten Ausrüstungsgegenständen gehörten daher Fotoapparate, TV- und Filmkameras. Armstrong und Aldrin schossen eine Menge Erinnerungsfotos. Daneben brachten sie rund 22 kg Oberflächengestein und einige Bodenproben mit zur Erde zurück. Die Astronauten der nachfolgenden Apollo-Missionen bauten dagegen umfangreichere Experimentierstationen auf dem Mond auf.

Nach ihrer Rückkehr spricht die **Apollo-11-Besatzung** mit Präsident Nixon.

In New York fand eine **Konfettiparade** für die Astronauten statt.

Infobox

Der erste Mondbesuch: ein PR-Spektakel

Nach Schätzungen der NASA sahen weltweit rund 530 Mio. Menschen im Fernsehen, wie Neil Armstrong den Mond betrat und dann per Radiotelefon mit Präsident Nixon telefonierte. Die Astronauten mussten auch eine US-Flagge in die lockere Mondoberfläche stecken. „Wir mussten sie zu zweit aufstellen, und es war beinahe ein PR-Desaster. So sehr wir es auch versuchten, die Teleskopstange ließ sich nicht ganz ausfahren. Daher hat die Flagge, die eigentlich hätte eben sein sollen, eine dauernde Welle", erinnerte sich später Armstrong.

Ein **Fußabdruck** von Neil Armstrong, der im feinen Mondstaub zurückblieb.

Spuren auf dem Mond

Armstrong und Aldrin hinterließen jede Menge scharf geschnittene Fußabdrücke im Mondstaub, einige wissenschaftliche Geräte und die Abstiegsstufe der Mondlandefähre Eagle. Daran hängt eine Plakette mit den Unterschriften der drei Besatzungsmitglieder und des damals amtierenden amerikanischen Präsidenten Richard Nixon. Außerdem blieben auf dem Mond einige Gedenkmedaillen für tödlich verunglückte Astronauten sowie eine Diskette mit Friedensbotschaften von 73 Nationen der Erde und den Namen von Kongress- und NASA-Mitgliedern zurück.

Zu Gast auf dem Mond

Nach ihrer Rückkehr erzählten Armstrong und Aldrin in Interviews, dass sie sich auf dem Mond „deutlich besser" gefühlt hätten als sie erwarteten. An die geringe Schwerkraft gewöhnten sie sich schnell, nur Bewegungen nach oben oder unten fielen ihnen schwer. Die Mondoberfläche beschrieben sie als „großartige Einöde" und „eigentümliche Schönheit". Doch sie litten auch unter Atemproblemen aufgrund des Mondstaubs.

Aktivbox

Mondentfernung schätzen

Das brauchst du: eine kleine Scheibe aus Papier mit 6 mm Durchmesser, eine Pinzette oder eine Büroklammer, ein Lineal.

Die Entfernung des Mondes kann man aus der Größe des Mondes (3476 km) mit einer überraschend einfachen Methode abschätzen – bei der man aber etwas Wissen aus dem Mathematikunterricht braucht, den Strahlensatz nämlich (s. Illustration unten). Halte nun das Papierscheibchen mit der Pinzette oder eingeklemmt in die Büroklammer so, dass es genau die Mondscheibe bedeckt, und miss dann den Abstand b zwischen Auge und Papier. Dann kannst du den Abstand a der Erde vom Mond ausrechnen: Er verhält sich zu b genau wie die Größe des Mondes zum Durchmesser des Scheibchens. Es gilt also $a = bd/s = b \cdot 3476\text{ km}/6\text{ mm} =$ etwa $b \cdot 580\,000\,000$.

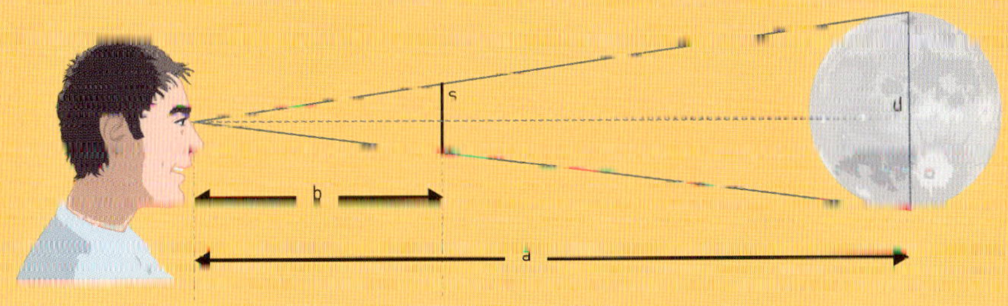

Edward **White** bei seinem Gemini-Weltraumspaziergang.

Vor und nach Apollo 11

Der ersten Mondlandung gingen Vorarbeiten voraus. Und nach der ersten Mondlandung folgten weitere Missionen – insgesamt hopsten sechsmal Menschen durch den Mondstaub.

Die weiteren Apollo-Missionen

Schon im November 1969 folgte der Apollo-11- die Apollo-12-Mission, der zweite bemannte Flug zum Mond. Bis 1972 sollten fünf weitere erfolgreiche Apollo-Missionen auf dem Mond landen. Nur das Team von Apollo 13 erreichte den Mond nicht, sondern musste dies nach der Explosion eines Sauerstofftanks an Bord der Raumfähre aufgeben: Sie umkreisten den Mond lediglich und kamen vier Tage nach der Explosion heil zur Erde zurück. Die Nasa nannte dies ein „erfolgreiches Scheitern". Der letzte Apollo-Flug (Apollo 17) brachte erstmals einen sogenannten „Wissenschaftler-Astronauten" auf den Mond, den Geologie-Spezialisten Harrison Schmitt, der zuvor unter anderem in Harvard gelehrt hatte.

Gemini: Die Brücke zum Mond

Wichtige technische Voraussetzung für die erste Mondlandung waren die zehn bemannten Raumflüge der Mission Gemini, wobei jeweils zwei Mann für einen längeren Zeitraum ins All geschickt wurden. Der längste Gemini-Aufenthalt dauerte mehr als drei Tage und 22 Stunden. Von März 1965 bis November 1966 testete die NASA dabei, welche Auswirkungen ein längerer Aufenthalt im All, speziell die Schwerelosigkeit, auf die Astronauten hatte. Zudem übten diese das An- und Abdocken ihrer Raumfahrzeuge sowie das Rangieren und das Landen an vorher festgelegten Punkten – Voraussetzungen für die nachfolgenden Apollo-Missionen. Edward White begab sich dazu im Juni 1965 auf den ersten „Raumspaziergang", einen 22-minütigen Aufenthalt im All. Alle drei späteren Apollo-11-Besatzungsmitglieder Armstrong, Aldrin und Collins nahmen an Gemini-Flügen teil.

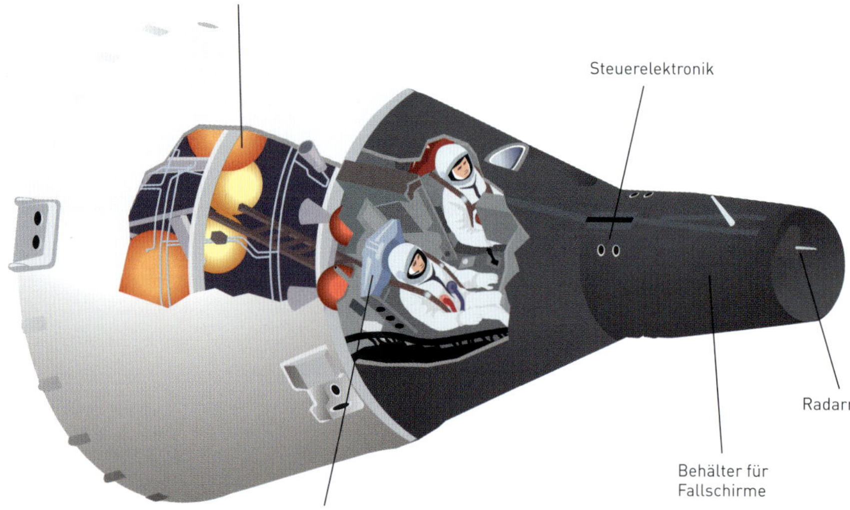

Die **Gemini**-Kapseln boten nur zwei Astronauten Platz.

Ein Gemälde zeigt die historische Kopplung der **Sojus- und Apolloraumschiffe** im Jahr 1975.

US-Astronauten auf dem Weg zum Start des **Apollo-Sojus-Test-Project**.

Apollo-Sojus-Test-Project

Rund zwei Tage dauerte die Begegnung von zwei russischen und drei amerikanischen Raumfahrern im All bei der gemeinsamen Sojus-Apollo-Mission vom 15. bis 24. Juli 1975. 7,5 Stunden nachdem die Russen mit ihrer Sojus von Baikonur aus gestartet waren, hoben auch die Amerikaner ab. Die beiden Fähren dockten mithilfe eines gemeinsam entwickelten Kopplungsmoduls aneinander an, beide Besatzungen zeigten sich gegenseitig ihre Fähren und führten gemeinsam wissenschaftliche Experimente durch – und Millionen Fernsehzuschauer weltweit sahen zu. Die Vorbereitungen für die Mission hatten fünf Jahre gedauert. Zur besseren Verständigung hatten die Astronauten jeweils Englisch und Russisch gelernt, bei der Begegnung sprachen die Russen Englisch und die amerikanischen Astronauten Russisch.

Ein **Mondbaum** in Philadelphia.

Alles nur gespielt?

Immer wieder kann man von Verschwörungstheorien lesen, nach denen die Landung von Apollo 11 auf dem Mond (und damit auch alle folgenden bemannten Apollo-Mondlandungen) nie stattgefunden hätten: Demnach soll die Mondlandung von Armstrong und Aldrin in einem Filmstudio gedreht worden sein, um der Weltöffentlichkeit weiszumachen, dass die Amerikaner zu einer solchen außerordentlichen Leistung fähig seien. Doch die Argumente der Mondlandungsleugner lassen sich alle widerlegen.

Infobox

Mondbäume

Auf der Apollo-14-Mission nahmen die Astronauten im Privatgepäck sogar Samen von Bäumen mit: rund 400–500 Samen von Pinien und Gummibäumen. Unterwegs platzte der Container mit den Samen auf, und man nahm an, dass sie nicht mehr keimen würden. Doch nach der Rückkehr der Astronauten stellte sich das Gegenteil heraus: Die Bäume sind heute als Mondbäume bekannt und wurden an vielen Orten weltweit eingepflanzt.

Und heute?

Eugene Cernan und Harrison Schmitt waren die bislang letzten Männer auf dem Mond – als Mitglieder der Apollo-17-Mission im Dezember 1972. Danach stellte die NASA ihr Programm bemannter Mondbesuche vorerst ein. Weiterhin gut besucht wird der Mond allerdings von unbemannten Sonden: Neben Russland und den USA schickten inzwischen auch Japan, Europa, China und Indien Sonden zum Mond.

Die Raumstation **Skylab** hoch über der Erde.

Skylab Im Mai 1973 brachten die Amerikaner Skylab ins Weltall. Hauptunterschied zu Saljut: Es bot viel mehr Platz. Allerdings riss beim Start ein Schutzschild ab, und dadurch arbeiteten beide Solarzellenausleger von Skylab nicht richtig – der eine hatte sich gar nicht erst entfaltet. Die erste Besatzung musste also gleich eine Reparatur vornehmen. Denn ohne Solarzellen gibt es keinen Strom – und der ist auf einer Raumstation lebenswichtig: Alles, von der Luftzirkulation bis zur Temperaturregelung, wird elektrisch betrieben.

Raumstationen

Die ersten bemannten Raumstationen wurden bereits in den 1960er-Jahren geplant. 30 Jahre später taten sich Amerikaner und Russen dann zusammen.

Die Raumstation Mir Bis 1985 brachten die Sowjets mindestens sieben Saljut-Raumstationen ins All. Besetzt waren die Stationen zwischen einigen Tagen und knapp zwei Jahren; nach getaner Arbeit ließ man die Stationen in der Atmosphäre verglühen. Erst die Station Mir (was „Friede" oder „Welt" bedeutet) war eine permanente Raumstation. Sie wurde im Februar 1986 ins All gebracht und war – von zwei kleinen Pausen abgesehen – 14 Jahre lang ständig mit Kosmonauten besetzt.

Saljut Am 19. April 1971 schoss die Sowjetunion die erste Raumstation in die Erdumlaufbahn, Saljut 1. Doch das Labor im All wurde später bezogen als geplant: Als die erste Besatzung vier Tage später einziehen sollte, traten beim Ankoppeln ihrer Sojus-Kapsel an die Station Probleme auf und man musste unverrichteter Dinge zurückfliegen. Erst im Juni betrat die Mannschaft der nächsten Sojus-Mission die Station – aber auch das reichte noch, um Sajut 1 zur ersten bemannten Raumstation der Geschichte zu machen. Diese Mission fand jedoch ein tragisches Ende: Durch einen Druckabfall starben die drei Kosmonauten auf ihrem Rückflug zur Erde.

Ein Nachbau der Raumstation **Saljut** in einer Ausstellung.

Der Kosmonaut **Waleri Poljakow** in der Mir.

Infobox

Mir – eine Station im Baukastensystem
Ähnlich wie ihre Vorgänger war das Basismodul der Mir ein tonnenförmiges Gebilde, das beim Start rund 20,4 t wog; es war etwa 13 m lang und etwa 4 m dick. Im Inneren lebten und arbeiteten zwei bis drei Kosmonauten. Doch in den folgenden Jahren wurde die Mir-Station immer wieder um neue Module erweitert: So wurden an das Basismodul mit dem Kontrollraum und den Wohnräumen in den nächsten Jahren unterschiedliche Erweiterungsmodule angebracht, vor allem Laboratorien und Arbeitsräume für die Kosmonauten.

Geldmangel in Amerika

Nach der erfolgreichen Mondlandung stellte die amerikanische Regierung immer weniger Geld für die Raumfahrt zur Verfügung. Planungen für eine Station im All wurden daher zurückgestellt, und man konzentrierte sich auf die Entwicklung eines wiedereinsetzbaren Raumtransporter-Systems, des Space Shuttles, das im April 1981 erstmals getestet wurde. Doch auch in Russland wurde das Geld für die Raumfahrt knapp – besonders nach dem Zusammenbruch der Sowjetunion.

Space Shuttles wurden beim Bau der ISS oft als Transporter eingesetzt.

Die Shuttle-Mir-Mission

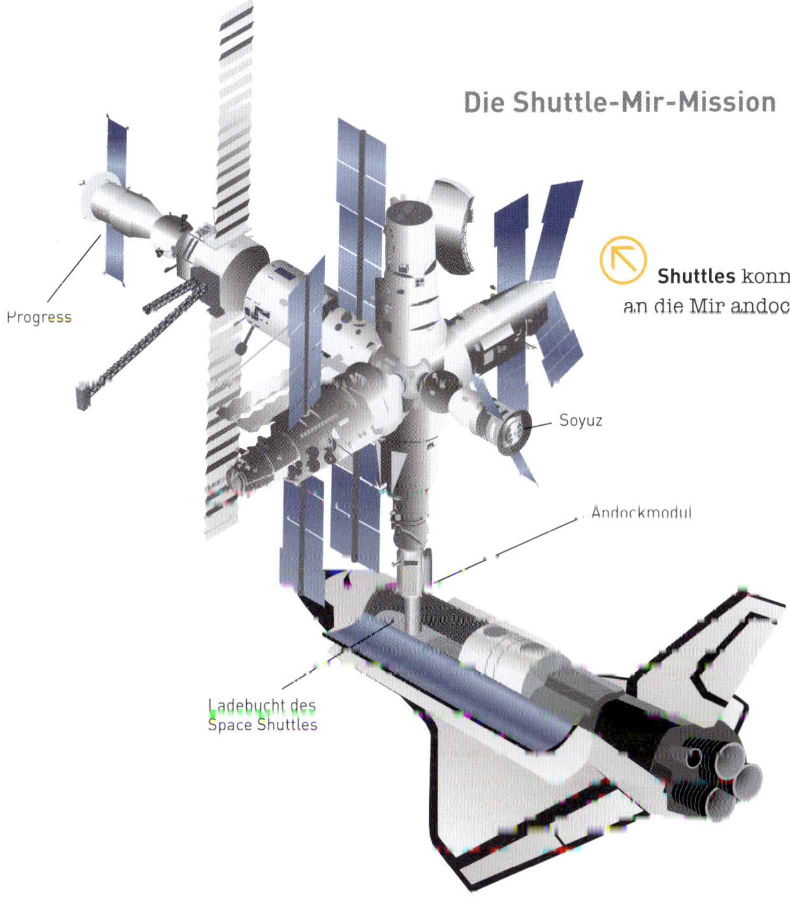

Shuttles konnten auch an die Mir andocken.

Die Internationale Raumstation ISS

Der Wettlauf ins All, den sich Russen und Amerikaner 40 Jahre lang geliefert hatten, hatte viel Geld und Menschenleben gekostet. Anfang der 1990er-Jahre trieb der Geldmangel beide Seiten zum Einlenken: Im Juni 1992 unterschrieben sie ein Abkommen zur „friedlichen Nutzung des Weltalls", und 1993 schloss man Verträge zur Konstruktion einer gemeinsamen Raumstation, die u. a. mit Space Shuttles versorgt werden sollte. Das war die Geburt der Internationalen Raumstation ISS, an der heute fast alle Raumfahrtnationen beteiligt sind.

Die ISS

Mitte der 1990er-Jahre fand der Wettlauf von Russen und Amerikanern um bemannte Raumstationen endgültig sein Ende. Wenig später begann die Internationale Raumstation ISS ihre Bahnen um die Erde zu ziehen.

Majestätisch schwebt die **ISS** im Weltraum.

Gemeinsam ins All

1995 bestieg zum ersten Mal ein russischer Kosmonaut ein amerikanisches Space Shuttle. Im selben Jahr wurde das Modul Spektr an die Mir angeschlossen, das als Arbeits- und Wohnraum für amerikanische Astronauten gedacht war. 1996 brachte eine russische Sojus-Rakete erstmals einen Amerikaner zur Raumstation Mir, und es folgten zehn gemeinsame Shuttle-Mir-Missionen. Doch im Frühjahr 2001 ließ die russische Regierung die Mir dann gezielt über dem Pazifik verglühen. Zu dieser Zeit kreisten schon die ersten Module der Internationalen Raumstation ISS um die Erde.

Eine riesige Baustelle

Das erste Modul der ISS wurde im November 1998 ins All geschossen und zwei Jahre später schwebte die erste Besatzung in die Raumstation. Doch die ISS blieb eine Baustelle: Sie wird seitdem ständig auf- und angebaut. Heute verfügt die ISS u. a. über zwei Badezimmer und einen Fitnessraum! Angedockt sind außerdem inzwischen auch das japanische Forschungsmodul Kibo sowie das europäische Labormodul Columbus – schließlich handelt es sich bei der ISS um ein Gemeinschaftsprojekt der amerikanischen, russischen, europäischen, kanadischen und japanischen Raumfahrtagenturen.

Infobox

Auf der Bahn bleiben

Die ISS fliegt in etwa 410 km Höhe um die Erde. In dieser Höhe gibt es noch eine dünne Atmosphäre. Durch Reibung mit dieser Luft verliert die ISS ständig an Höhe – einige Kilometer pro Monat. Die Progress-Versorgungsmodule (s. Foto links) und andere Vorsorgungsschiffe bringen daher nicht nur Nahrung, Sauerstoff und Material an Bord, sondern sie erfüllen noch eine zweite Aufgabe: Sie schieben mit ihren Raketentriebwerken die ISS immer wieder auf ihre normale Flughöhe – sonst würde die ISS irgendwann abstürzen und verglühen.

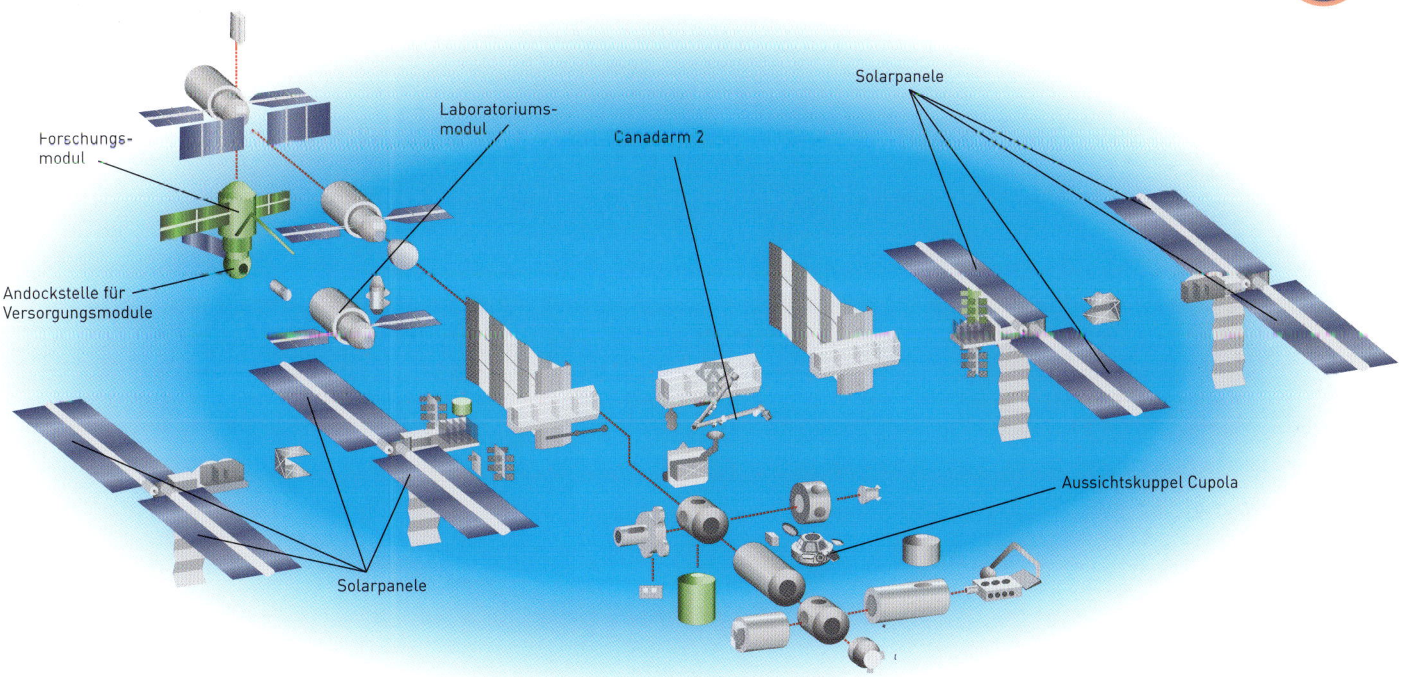

Der Aufbau der ISS Wie die Raumstation Mir ist die Internationale Raumstation ISS aus einzelnen Modulen aufgebaut. Die größeren Bauteile werden zumeist von russischen Trägerraketen oder amerikanischen Space Shuttles ins All gebracht. Ein Gittergerüst hält die Station zusammen. Die einzelnen tonnenförmigen Segmente sind über insgesamt drei Verbindungsknoten miteinander verbunden. Für die Energieversorgung verfügt die ISS außerdem über vier rund 70 m lange Solarausleger, die auf den Fotos der ISS sofort auffallen.

Ein Roboterarm für Außenexperimente

Neben Wohnräumen und mehreren Forschungslaboren verfügt die ISS seit Februar 2010 auch über eine Aussichtskuppel namens Cupola. Von dort aus kann die Besatzung Außeneinsätze besser verfolgen – und den Roboterarm Canadarm2 steuern. Der war davor per Kamera aus dem Inneren der ISS gesteuert worden. Am Ende des 17 m langen Armes, der auf der Gitterstruktur der Station hin und her fahren kann, kann zusätzlich eine Art Roboterhand angebracht werden. Daneben ist die ISS mit zwei Kränen und Außenplattformen für Arbeiten und Experimente ausgestattet.

Die Versorgung der ISS Die Raumstation wird regelmäßig von russischen, japanischen und amerikanischen Raumschiffen angeflogen, die Fracht hinbringen und Müll abtransportieren. Der Müll wird übrigens durch Verbrennen entsorgt: Man packt ihn in die – ohnehin nur einmal benutzbaren – russischen Progress-Raumschiffe und schickt die Kapseln dann einfach in tiefere Orbits. Von dort fallen sie in die Erdatmosphäre, wo sie verglühen.

Ein Astronaut nutzt die Möglichkeiten von **Canadarm2** bei einem Außeneinsatz.

Die Astronautin **Nicole Stott** 2009 bei Arbeiten außen an der ISS.

Infobox

Ganz in Weiß
Warum ist der Raumanzug, den die Astronauten tragen, wenn sie sich ins All bewegen, weiß? Die Antwort ist einfach: Weiße Astronauten sieht man besser vor dem schwarzen Hintergrund des Weltalls.

Astronautenalltag I

Das Leben in einer Raumstation ist vor allem eines: kein Spaß. Denn Astronauten leben eng, dürfen nur wenig Wasser verbrauchen und müssen anstrengende Arbeiten erledigen.

Essen

Wie auf der Erde gibt es auch in Raumstationen Frühstück, Mittag- und Abendessen – frisches Obst wie Äpfel oder Birnen stehen im All aber nur selten auf dem Speiseplan. In der Regel essen Astronauten Trockennahrung aus Tüten oder Dosen. Zum Zubereiten lassen sie etwas Wasser in die Tüte oder Dose laufen, dann kommt das Ganze in einen Ofen – eine Mikrowelle oder eine Wärmekiste, die aussieht wie ein Koffer – und wird dort aufgewärmt. Zum Essen kommen Gabel und Löffel zum Einsatz, wie auf der Erde. Getrunken wird dazu aus Beuteln, die in einem Strohhalm enden, und zwar Limonade, Kaffee oder Wasser.

Keine Krümel

Alles, was krümelt, ist auf einer Raumstation streng verboten: Chips oder trockene Brötchen sind tabu: Brotkrumen oder Brösel könnten in Computerlüfter geraten oder Luftfilter verstopfen. Deshalb gibt es auch keine Salzstreuer oder Pfeffermühlen – in der Schwerelosigkeit herumfliegendes Salz oder Pfeffer könnte in die Augen der Astronauten geraten! Wenn sie nachwürzen wollen, dann müssen sie zu Salzwasser oder Pfeffersauce greifen. Und statt Brot essen sie eine Art Tortilla.

Seltsamer Wasserhahn

Der Wasserhahn auf der ISS sieht aus wie eine Schalttafel: eine Metalltafel, auf der man mit einigen Knöpfen und Reglern einstellen kann, wie viel Wasser aus einem kleinen Stutzen kommen soll. An den schließen die Astronauten Plastikbeutel an – und zapfen sich hier eine genau bemessene Menge Wasser. Beim Duschen darf ein Astronaut höchstens 4 l über sich laufen lassen. Denn Wasser ist auf der ISS ein rares Gut: Jeder Tropfen muss irgendwie an Bord gebracht werden.

Wasserrecycling

Auf der Raumstation wird so viel Wasser wie möglich zurückgewonnen: Aus der Atemluft der Besatzung wird das Wasser herauskondensiert und wiederverwertet, genau wie das Abwasser, das beim Händewaschen, Zähneputzen oder Rasieren anfällt. Selbst aus dem Urin aller Besatzungsmitglieder – auch der Laborratten – gewinnt man das Wasser zurück. Es wird so gereinigt, dass es sauberer als das meiste Wasser ist, das wir auf der Erde trinken.

Astronauten zeigen Beutel mit **Recycling-Wasser**.

Die Bestandteile eines Raumanzugs

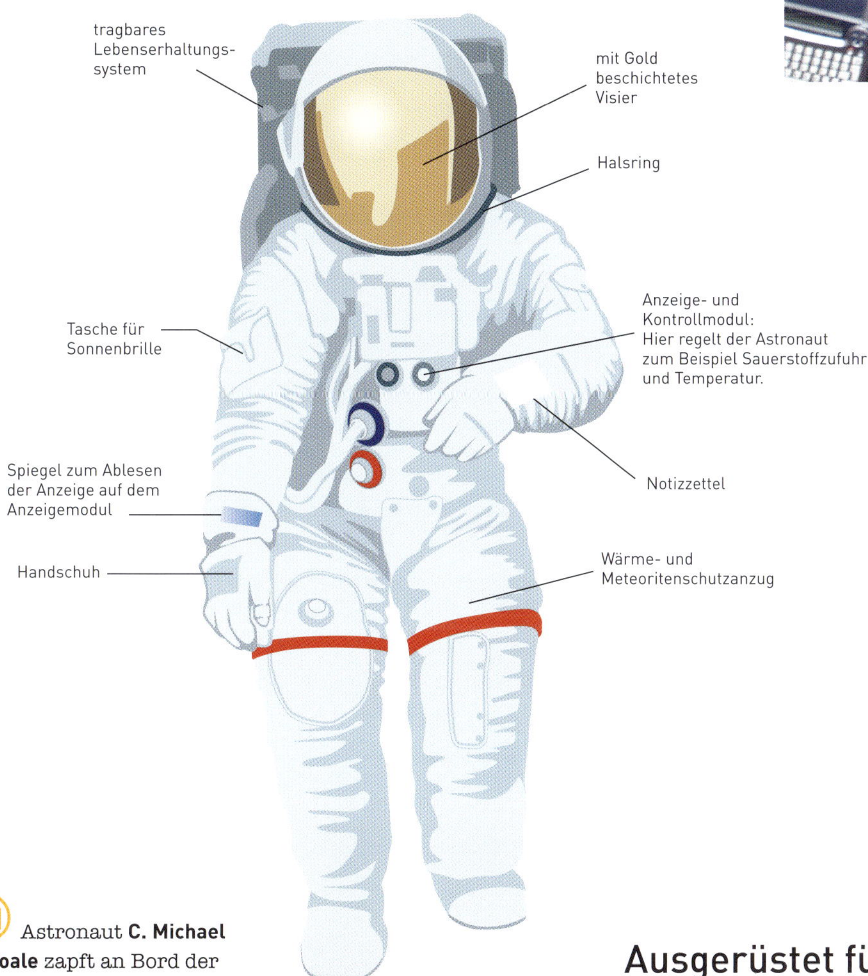

Arbeiten im All

In einem Raumanzug zu stecken, ist kein Vergnügen: Man ist ziemlich unbeweglich, und von einem niedrigeren Luftdruck umgeben als auf der Erde. Pfeifen im Raumanzug würde einem Astronauten daher schwer fallen! Der Anzug ist im Prinzip ein kleines Raumschiff: Seine 14 Schichten schützen vor Mikrometeoriten und Wärmeverlust. Zudem wird temperiertes Wasser durch Schläuche in der Unterwäsche gepumpt. Es bleibt das Problem der kalten Hände, unter dem alle Astronauten leiden. Dagegen haben die Techniker eine elektrische Heizung in die Fingerkuppen der Handschuhe eingebaut.

Astronaut **C. Michael Foale** zapft an Bord der ISS Wasser.

Ausgerüstet für lange Arbeitsschichten

Es ist ziemlich umständlich und gefährlich, aus einer Raumstation auszusteigen. Damit sich der Ausstieg lohnt, bleiben die Astronauten meist mehr als sechs Stunden draußen – und erledigen dort oft schweißtreibende Arbeit! Dabei tragen sie einen ganzen Werkzeugkasten mit sich herum, und für den Fall, dass sie beim Schrauben Durst bekommen, ist eine Tüte mit Wasser und ein langer Trinkhalm in den Helm integriert. Doch was, wenn der Astronaut aufs Klo muss? Für diesen Zweck trägt jeder Astronaut im Raumanzug eine Windel!

Raum mit Aussicht: Stephen Robinson spielt in der **Cupola** Gitarre.

Ein Astronaut führt ein **weihnachtliches Gespräch** mit der Erde.

Astronautenalltag II

Vieles ist im All wie auf der Erde: Astronauten telefonieren mit ihrer Familie und wechseln ihre Wäsche fast wie irdische Wissenschaftler. Manches aber ist ganz anders – besonders der Ausblick.

Freizeit im All Sechs Tage pro Woche arbeiten die Astronauten in einer Raumstation in Acht-Stunden-Schichten – einen Tag haben sie frei. Und wer wochenlang in der Enge der Station schwebt und schuftet, der will auch mal Spaß haben. Um die Astronauten bei Laune zu halten, wird ihnen daher einiges erlaubt: Es gibt Astronauten, die Trompete oder andere Instrumente üben, viele sehen DVDs oder hören Musik. Schon auf den ersten Apollo-Missionen vertrieben sich die Astronauten mit Jazz und klassischer Musik vom Band die Zeit. Heute können Astronauten telefonieren, wann sie wollen, und einmal in der Woche gibt es sogar eine Videokonferenz für die ganze Familie.

Geschenke von der Erde Ein- bis zweimal im halben Jahr dockt ein Versorgungsmodul an die ISS an, das nicht nur Experimentiermaterial und Nahrung an Bord hat, sondern auch private Post, sogenannte „Crew Care Packages". Ein solches Paket darf rund 2,5 kg wiegen und etwa so groß sein wie ein großes Notebook. Und was ist das beliebteste Geschenk für Astronauten? Natürlich Schokolade!

Infobox

Alltagskleidung

Jeden Tag etwas Neues anziehen – das geht auf der ISS nicht, denn Wäschewaschen würde zu viel Wasser verbrauchen. Im Schnitt gibt es daher nur alle zehn Tage neue Arbeitshemden und Hosen, und die Spezialsocken, die Astronauten vor kalten Füßen schützen sollen, werden einen Monat getragen. Nur die Unterhosen werden täglich gewechselt. Übrigens sieht auch die Oberbekleidung etwas anders aus als das, was man von der Erde kennt: Weil man in der Schwerelosigkeit nichts herumliegen lassen darf, haben Astronautenhosen und -hemden extra viele Taschen. Die benutzte Wäsche wird nicht zur Erde zurückgeschickt: Sie verglüht als Müll in der Atmosphäre.

Giftige Gase

Was auch immer ein Astronaut einpackt oder geschickt bekommt, wird vorher genau untersucht – vor allem auf Gase. Auf der Erde kann man das Fenster aufmachen, wenn es schlecht riecht, im All ist das unmöglich. Wenn daher einer Sache auch nur winzige Mengen giftiger Gase entströmen, dann bleiben die ständig in der Atemluft der Raumstation. Und es gibt nicht wenige Gegenstände, die „ausgasen" können – von DVDs bis zu T-Shirts und Notebooks!

Aktivbox

Astronautenalltag

Das brauchst du: einen Computer mit Internetanschluss. Die Seiten der NASA (www.nasa.gov) und ESA (www.esa.int) bieten eine Menge Informationen über das Leben der Astronauten. Einige Astronauten bloggen sogar, erzählen in Chats über ihr Leben – oder zeigen in Filmen, wie sie leben, schlafen oder experimentieren.

Golf auf dem Mond

Manchmal haben Astronauten auch richtig Spaß bei der Arbeit: Auf einer Apollo-Mission z. B. durften sie Golf auf dem Mond spielen, um zu zeigen, wie weit man in der geringeren Schwerkraft Bälle schlagen kann. Und bei drei Mondbesuchen Anfang der 1970er-Jahre wurde ein elektrisches Fahrzeug auf dem Mond eingesetzt, der so genannte Mondrover. Obwohl das Gefährt nur 16 km/h schaffte, konnten die Astronauten mit dem mehr als 200 kg schweren Fahrzeug ihren Aktionsradius beträchtlich erweitern: Bei der letzten Apollo-Mission legten sie in viereinhalb Stunden 40 km damit zurück.

Das Mondauto

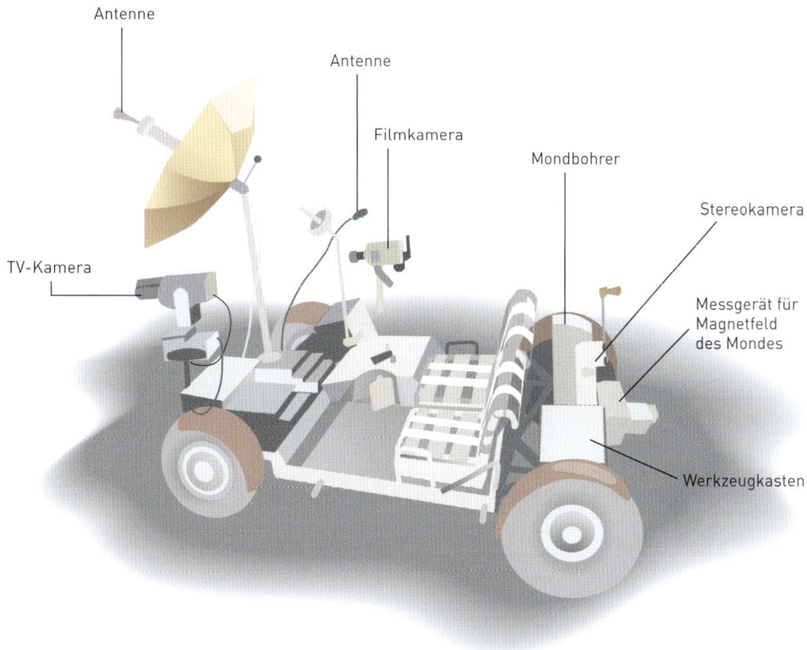

Ein unvergleichlicher Ausblick

Den Sonnenauf- und -untergang erleben die Menschen an Bord der ISS mehrmals täglich – langweilig wird es ihnen offenbar nicht. Sie berichten von einem beeindruckenden Naturerlebnis. Auch die Sterne sehen sie anders als von der Erde aus: Sie sehen deren verschiedene Farben viel besser, und ohne das Flackern, das die Atmosphäre verursacht. Bei Nacht kann man auch Blitze von Gewittern auf der Erde beobachten, und zu den beeindruckendsten Naturschauspielen gehören die Polarlichter.

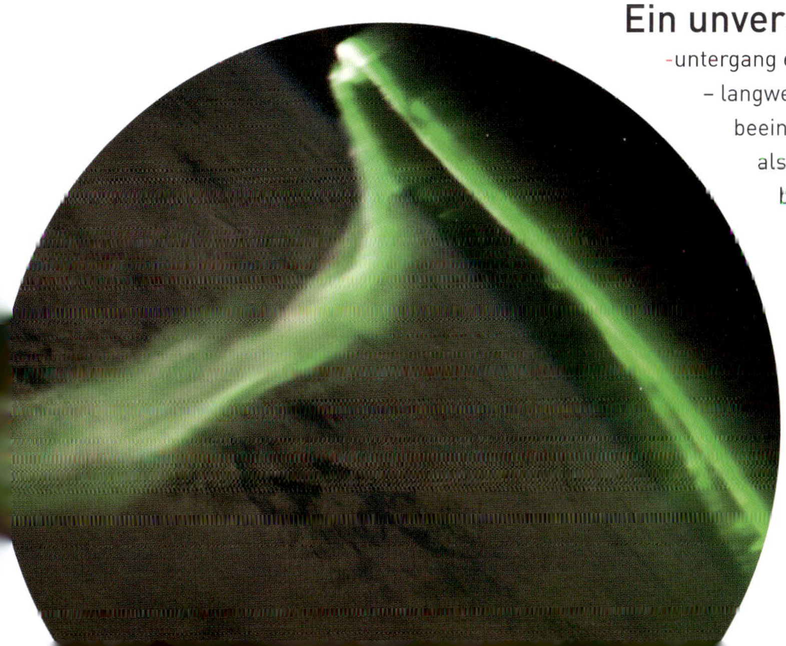

Der Blick aus der ISS ist überwältigend – besonders wenn, wie hier über dem Südpol, **Polarlichter** beobachtet werden können.

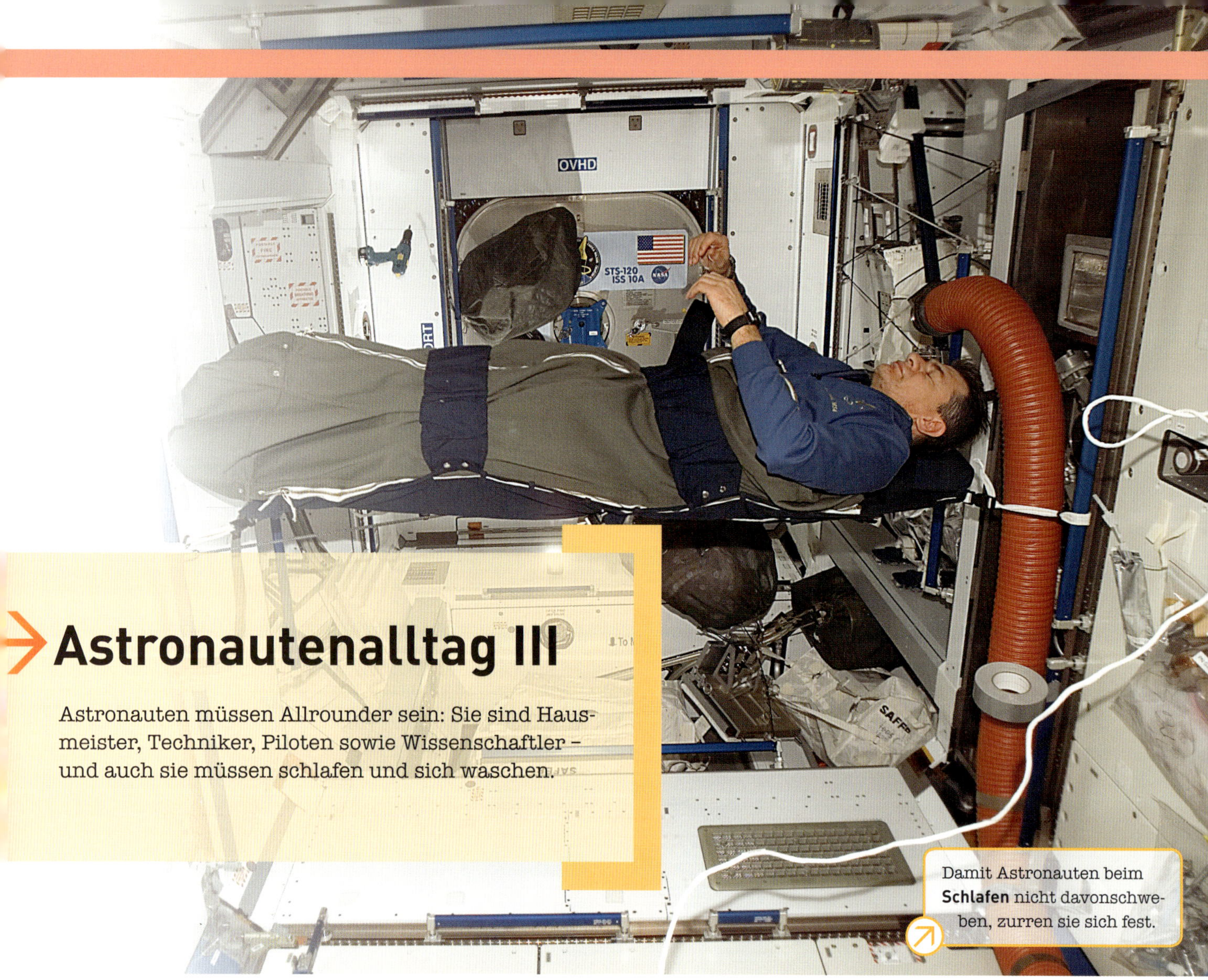

Astronautenalltag III

Astronauten müssen Allrounder sein: Sie sind Hausmeister, Techniker, Piloten sowie Wissenschaftler – und auch sie müssen schlafen und sich waschen.

Damit Astronauten beim **Schlafen** nicht davonschweben, zurren sie sich fest.

Schlafen Die Mannschaft an Bord einer Raumstation oder im Space Shuttle schläft in Schlafsäcken, die an den Wänden befestigt werden. An Bord der ISS gibt es Stockbetten und enge Kabinen mit einem schließbaren Bett und einem Fenster ins All. Wenn mehr Besatzungsmitglieder an Bord sind, verteilen sich die Menschen auf die anderen Räume und schlafen z. B. auch in Labors. Die „Nacht" dauert für alle acht Stunden. In Space Shuttles weckte die NASA-Bodenkontrolle die Astronauten mit Musik, die Besatzung der ISS muss sich selbst den Wecker stellen – falls sie nicht von der Sonne geweckt wird, die alle 90 Minuten aufgeht.

Zähneputzen und Rasieren Nach dem Aufstehen werden die Zähne geputzt – genau wie auf der Erde. Einziger Unterschied: Wenn die Zähne sauber sind, dann wird der Rest Zahnpasta hinuntergeschluckt oder ins Handtuch gespuckt. Ein Waschbecken gibt es nicht in der Schwerelosigkeit. Auch das Rasieren erledigen Astronauten genau wie auf der Erde, mit Rasiercreme und Nassrasierer oder einem Trockenrasierer, der allerdings immer wieder ausgesaugt werden muss, damit keine Haare herumfliegen.

Nach dem **Zähneputzen** schlucken viele Astronauten die Zahnpasta hinunter.

Fitnesstraining im All

Wer an Bord der ISS trainiert, der macht das im Dienst: Astronauten müssen sich fit halten, denn zu ihren Aufgaben gehört es auch, an sich selbst zu testen und zu beobachten, wie sich längere Aufenthalte in der Schwerelosigkeit auf den menschlichen Körper auswirken. Außerdem sind Arbeiten im All extrem anstrengend, sodass man gut trainiert sein muss.

Astronautentraining ist anstrengend, kann aber auch Spaß machen

Wer wird Astronaut?

Die ersten Astronauten waren ausnahmslos Militärs – man brauchte Piloten, die Flugerfahrung auf Düsenjets hatten. Als später auch Experimente im All gemacht wurden, mussten die Bewerber auch eine naturwissenschaftliche Universitäts-Ausbildung vorweisen. So ist es bis heute geblieben. Körperliche Voraussetzungen sind übrigens eine mittlere Größe zwischen 1,60 und 1,90 m und möglichst gute Augen, auch wenn eine leichte Sehschwäche (Brille) kein Hindernis darstellt.

Fit trotz Schwerelosigkeit

Beim **Joggen** in Schwerelosigkeit müssen Haltegurte das Wegfliegen verhindern.

Training auf der Erde

Mathematik, Raumfahrttechnik, der Umgang mit den Raumanzügen, Überlebenstraining, Gerätetauchen, Flugstunden – der Stundenplan von zukünftigen Astronauten ist vollgepackt. Geplante Aktivitäten im All üben sie in Wassertanks, um sich an die veränderten Schwerkraftverhältnisse zu gewöhnen. Und natürlich lernen sie mit Computerprogrammen und in Simulatoren ihren künftigen Arbeitsplatz im Raumschiff oder an Bord der ISS kennen.

Tauchen ist fast wie schwerelos sein.

Infobox

Eine Hochzeit im All

Im August 2003 heiratete ein Kosmonaut an Bord der ISS. Die Braut saß während der Zeremonie in Houston vor einem Bildschirm, weil die Trauung per Videokonferenz stattfand. Rechtlich möglich machte die extraterrestrische Ferntrauung ein Gesetz in Texas, nach dem ein Ehepartner der eigenen Hochzeit fernbleiben kann, wenn er eine triftige Entschuldigung dafür hat.

Sportliche Wissenschafts-Hausmeister

Astronauten arbeiten oft als fortgeschrittene Hausmeister: Sie müssen die Station in Schuss halten, elektrische Leitungen verlegen, klemmende Türen und andere Bauteile reparieren, Antennen ausrichten, Computer checken, Versorgungs- und Frachtschiffe be- und entladen und Experimente starten und betreuen, die andere Wissenschaftler auf der Erde geplant haben. Nicht ganz alltäglich ist es, neue Module anzuschließen oder Satelliten einzufangen und zu reparieren.

Quizfragen

1

Ordne zu: a) Gagarin, b) Leonow, c) White, d) Shepard, e) Sam, f) Laika

1) erstes Säugetier im All
2) zweiter Mensch im All
3) erster Mensch im All
4) zweiter Mensch, der einen Spaziergang im All machte
5) erster Mensch, der einen Spaziergang im All machte
6) erster Affe im All, der lebend zurückkehrte

2

Wie hieß der zweite Mensch auf dem Mond?

a) Juri Gagarin
b) Alan Smith
c) Edwin „Buzz“ Aldrin
d) Alvin Aladin

3 Wie unterscheiden sich Saljut und Skylab?

a) Skylab war zuerst im All.
b) Skylab war größer als Saljut.
c) Saljut war zuerst im All.
d) Saljut war größer als Skylab.

4 Wie hoch fliegt die ISS?

a) 10 km
b) 3200 km
c) 410 km

5 Was ist aus Astronautensicht der Nachteil von Brot?

a) schmeckt nicht im All
b) krümelt
c) lässt sich bei Schwerelosigkeit nicht mit Butter bestreichen

Satelliten, hier **Grace A und B**, erforschen kleine Schwankungen im Schwerefeld der Erde vom All aus.

Das Schwerefeld der Erde

Im Planeten unter unseren Füßen verbergen sich eine ganze Menge Geheimnisse – und die werden vom Weltraum aus untersucht.

Warum haben Planeten eigentlich keine Ecken?

Dafür ist die Schwerkraft verantwortlich: Falls aus einem Planeten eine riesige Ecke herausragen würde, würde sie sehr stark auf den Boden drücken und so von der Schwerkraft in Richtung Erdmittelpunkt gezogen werden. Kein Fundament wäre stabil genug, diesem Druck Stand zu halten. Die Ecke würde einsinken, bis sie sich in eine kleine Beule verwandelt hat. Ähnlich wie ein Wassertropfen hat daher jeder Planet eine rundliche Form – sieht man einmal von feinen Unebenheiten wie Gebirgen ab.

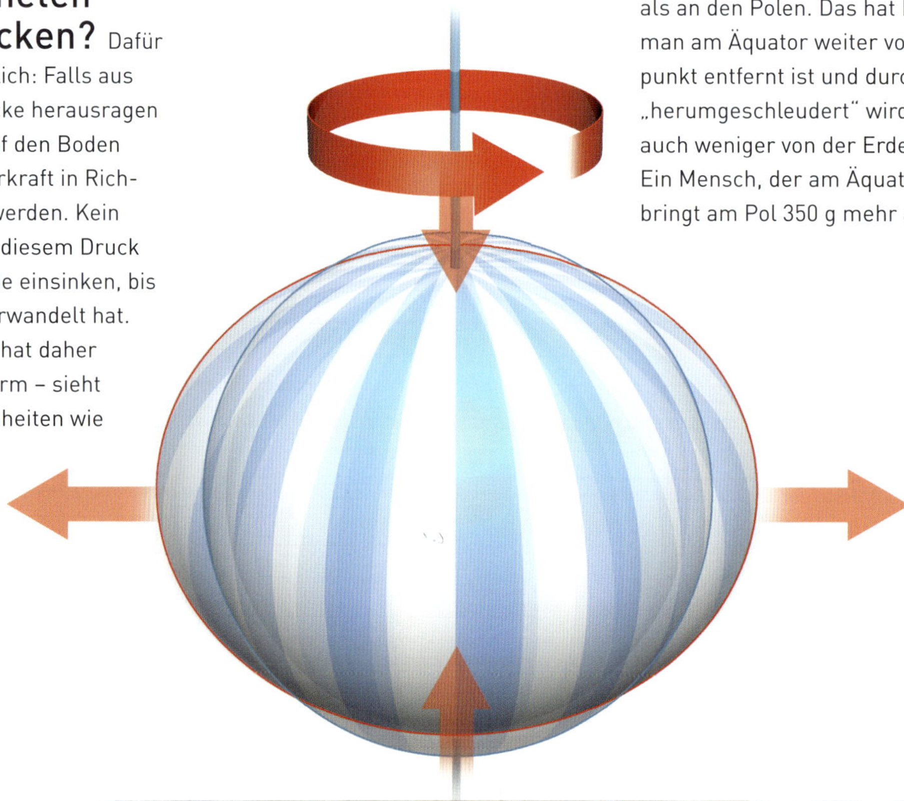

Ist die Erde eine Kugel?

Nein. Schon dem Physiker Isaac Newton war klar, dass die Erde keine vollkommene Kugel sein kann: Da sich die Erde dreht, entstehen am Äquator Fliehkräfte, die die Erde in der Mitte auseinanderziehen. Sie bildet daher ein sogenanntes „Rotationsellipsoid" (s. Illustration). Heute weiß man, dass der Radius der Erde am Äquator etwa 21 km länger ist als an den Polen. Das hat Folgen: Weil man am Äquator weiter vom Erdmittelpunkt entfernt ist und durch die Drehung „herumgeschleudert" wird, wird man dort auch weniger von der Erde angezogen. Ein Mensch, der am Äquator 70 kg wiegt, bringt am Pol 350 g mehr auf die Waage!

Abweichungen der Schwerkraft

Bestünde die Erde wie ein rotierender Wassertropfen überall aus demselben Material, dann wäre sie ein perfektes Rotationsellipsoid. Doch es gibt Berge und Meere, und auch im Erdboden ist das Gestein an verschiedenen Stellen unterschiedlich dicht. Das alles erzeugt feine Abweichungen in Form und Schwerkraft.

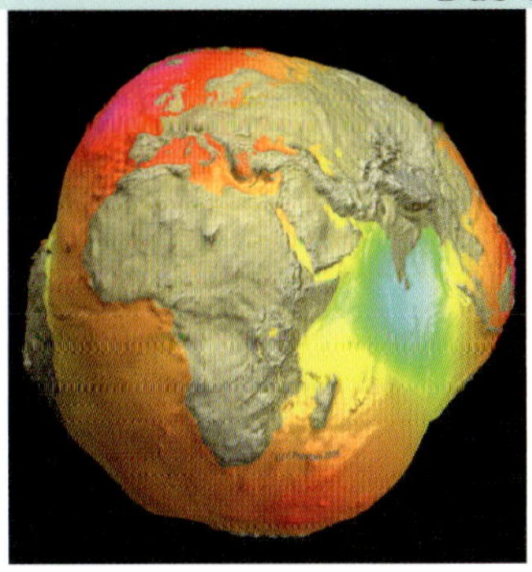

Stark übertrieben zeigt diese Computersimulation die Unterschiede im **Schwerefeld** der Erde.

Vermessung des Erdschwerefeldes

Um das Jahr 2000 untersuchten Wissenschaftler die Schwerkraftabweichungen auf der Erde erstmals genau. Sie schossen kurz hintereinander den Satelliten Champ und die Satellitenzwillinge Grace A und B in Erdumlaufbahnen. Die Grace-Satelliten maßen mit Radar ständig ihren eigenen Abstand. Wenn der sich veränderte, dann musste einer der Satelliten etwas schneller oder langsamer geworden sein, weil er in einen Bereich stärkerer oder schwächerer Erdanziehung geflogen war. Champ maß dagegen, wie sich die Bahnen und Geschwindigkeiten anderer Satelliten verändern, während sie um die Erde kreisen. Aus den Daten von Grace und Champ konnten die Forscher errechnen, dass sich das Schwerefeld der Erde ständig verändert – z. B., wenn sich große Eisberge oder Kontinente verschieben oder Vulkane ausbrechen. Erstaunlicherweise wird das Schwerefeld der Erde im Bereich des Äquators derzeit stärker und schwächt sich an den Polen ab. Es wird vermutet, dass viel größere Mengen Wasser im Boden und in den Meeren bewegt werden, als man bisher dachte. Immerhin geht es um so viel Wasser, wie in einem Eisberg von 10 km Höhe und 25 km² Grundfläche stecken!

Aktivbox

Dosentelefon

Das brauchst du: zwei leere Konservendosen und eine Schnur.

Woher weiß man, dass die Erde aus unterschiedlich dichtem Material besteht? Erdbebenwellen werden von unterschiedlich dichten Materialien unterschiedlich weitergeleitet. Wie feste Stoffe Schall leiten, kannst du mit einem Dosentelefon nachvollziehen: Schlage ein kleines Loch in die Dosenböden, stecke die Enden der Schnur hindurch, verknote sie und stelle dich mit einem Freund so hin, dass die Schnur zwischen euch gespannt ist. Wenn nun einer in die Dosenöffnung hineinspricht, kann der andere die Worte in seiner Dose hören – die Schnur, also ein Festkörper, hat den Schall weitergeleitet.

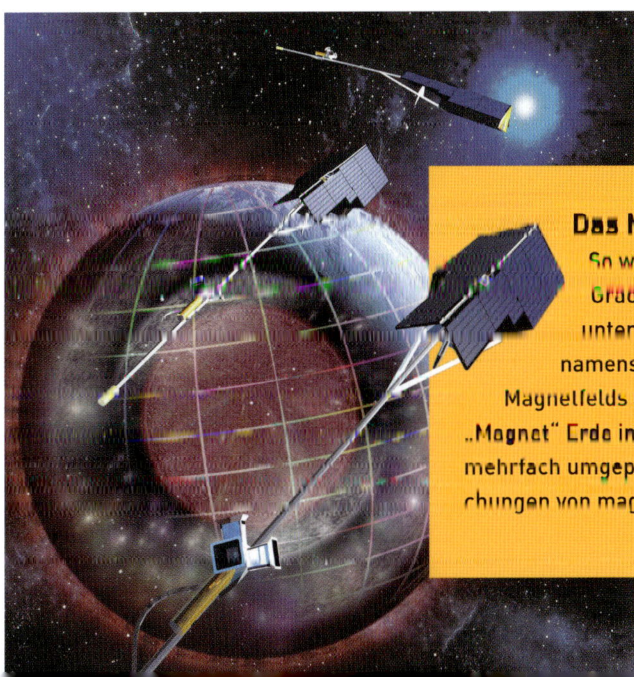

Die drei Swarm-Satelliten sollen das **Magnetfeld** der Erde untersuchen.

Infobox

Das Magnetfeld der Erde

So wie die Satelliten Champ und Grace das Schwerefeld der Erde untersuchten, sollen drei Satelliten namens Swarm die Veränderungen des Magnetfelds der Erde messen. Dass sich der „Magnet" Erde im Lauf seiner Geschichte schon mehrfach umgepolt hat, weiß man aus Untersuchungen von magnetisiertem Vulkangestein.

Mithilfe der LCROSS-Mission fand man heraus, dass es gefrorenes **Wasser** auf dem Mond gibt.

Infobox

Wasser auf dem Mond

Seit 2009 weiß man sicher, dass es auf dem Mond Wasser gibt. Bei der Mission LCROSS der NASA wurde am 9. Oktober 2009 eine kleine Rakete, der sogenannte Centaur, in einen Mondkrater geschossen, der so tief ist, dass kein Sonnenlicht einfällt. Ein Satellit in einer Mondumlaufbahn registrierte dabei, dass tatsächlich Wassereis emporgeschleudert wurde. Wissenschaftler hoffen, dieses Wasser bei künftigen Mondmissionen nutzen zu können.

Experimente auf dem Mond

Der Mond ist das nächstgelegene Experimentierfeld der Astronomen im All.

Mondbeben messen Zwischen 1969 und 1972 wurden vier Seismographen auf dem Mond aufgestellt, die bis 1977 tatsächlich jede Menge Erschütterungen aufzeichneten, vor allem nach Mondbeben oder Meteoriteneinschlägen. Die Erschütterungen werden durch das Gestein weitergeleitet, und zwar je nach Gestein unterschiedlich schnell und in verschiedene Richtungen. Aufgrund dieser Daten glaubt man heute zu wissen, dass der Mond einen festen, eisenreichen Kern von etwa 500 km Durchmesser hat, den eine 80 km dicke Schicht aus geschmolzenem Eisen umgibt.

Experimente auf dem Mond Die sechs Apollo-Missionen zwischen 1969 und 1972 brachten insgesamt 382 kg Mondgestein, Sand und Staub von der Mondoberfläche mit – für Experimente auf der Erde. Doch alle sechs Missionen hinterließen auch Experimentierstationen auf der Oberfläche, sogenannte „Apollo Lunar Surface Experiments Packages". Apollo 15 nahm sogar ein Mondfahrzeug mit, den Mondrover, der bis zu 16 km/h schnell war und noch heute auf dem Mond steht.

Mit dem **Mondrover** konnte man größere Strecken zurücklegen.

Entfernungsmessung per Laser

Zu den ersten Experimenten auf dem Mond gehörte auch ein Laserreflektor – tatsächlich kaum mehr als ein Lichtreflektor wie am Fahrrad, nur größer. Ihn nutzen Wissenschaftler bis heute bei sogenannten „Laser Ranging"-Experimenten: Sie schicken kurze Laserpulse zum Reflektor und registrieren das zurückgeworfene Licht. Durch die Messung der Zeit, die das Licht für den Weg braucht, kann man die Mondentfernung millimetergenau verfolgen. Dadurch weiß man, dass der Mond sich jährlich um 3,8 cm von der Erde entfernt.

Der feine **Mondstaub** machte große Probleme.

So entsteht ein Mondecho

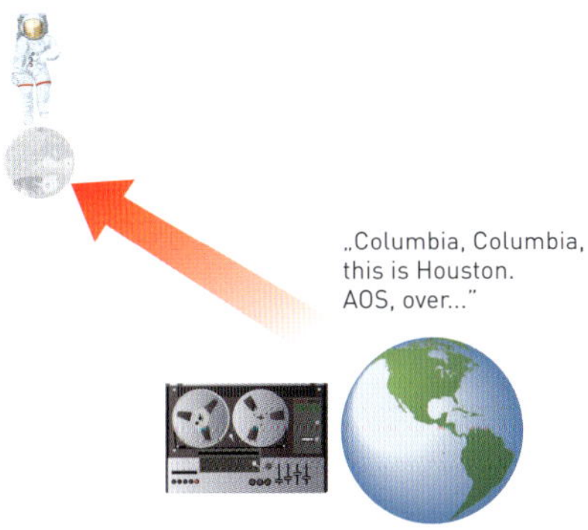

Das Kontrollzentrum in Houston funkt die Astronauten auf dem Mond an.

Der Funkspruch erreicht die Astronauten kurz danach. Deren Mikrofon ist eingeschaltet.

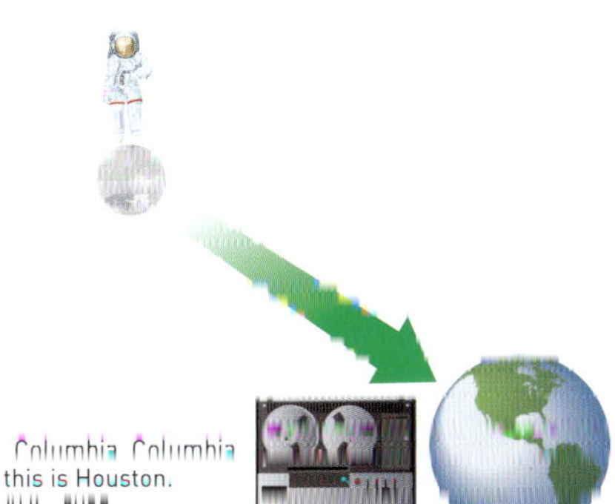

Dadurch wird der Funkspruch wie ein Echo zurück zur Erde übertragen.

Simulierter Mondboden

Eines der größten Probleme bei den Mondreisen war der Mondstaub, der Regolith, der aus winzigsten Körnchen aus Glas besteht. Er ist feiner als Scheuersand, dringt in alle Ritzen ein, wirbelt bei Start und Landung auf und nimmt den Astronauten die Sicht – und ist obendrein ungesund: Die meisten Astronauten hatten seinetwegen Atemprobleme, manche sogar eine Art Heuschnupfen. Zur Übung künftiger Mond- oder Marsmissionen erzeugt die NASA daher tonnenweise künstlichen Mondstaub, z. B., um zu untersuchen, wie sich Mondstaub und Raketentriebwerke vertragen.

Aktivbox

Ein Mondecho untersuchen

Das brauchst du: einen Computer mit Internetanschluss.

Funkwellen sind eine Form von Licht. Sie brauchen etwa 1,3 Sekunden von der Erde zum Mond – daher die vielen Pausen im Funkverkehr zwischen Erde und Mond bei den Apollo-Missionen. Manchmal kann man in diesen Dateien sogar Sätze der Bodenstation zweimal hören, als Echo: Zuerst deutlich (aufgenommen am Boden), dann undeutlich (aufgenommen auf dem Mond, während die Astronauten sprechen). Du kannst dir den „Air-to-Ground-Traffic" von den ersten Mondspaziergängen als mp3 bei www.nasa.gov herunterladen. Bei 100 Stunden, 7 Minuten und 58 Sekunden – etwa eine halbe Stunde nach dem Betreten der Mondoberfläche ist ein Beispiel für ein Echo zu finden. Damit kannst du den Abstand Erde-Mond am Computer berechnen. Betrachte die Stelle mit einer Soundsoftware. Die Zeit zwischen Funkspruch und Echo geteilt durch zwei (für Hin- und Rückweg) ist die Zeit, die das Licht von der Erde zum Mond braucht. Die Geschwindigkeit des Lichtes beträgt rund 300 km/Millisekunde. Nun brauchst du nur noch einen Taschenrechner ...

Die Sonne im Blick

Seit Jahrhunderten freuen sich Astronomen auf Sonnenfinsternisse – denn dann können sie endlich den Sonnenrand unter die Lupe nehmen. Spezielle Sonnenteleskope im Weltraum beobachten dagegen die Sonne ständig.

Im **Einsteinturm** wird das Licht der Sonne mit zwei Spiegeln (s. Illustration) ins Gebäude gelenkt.

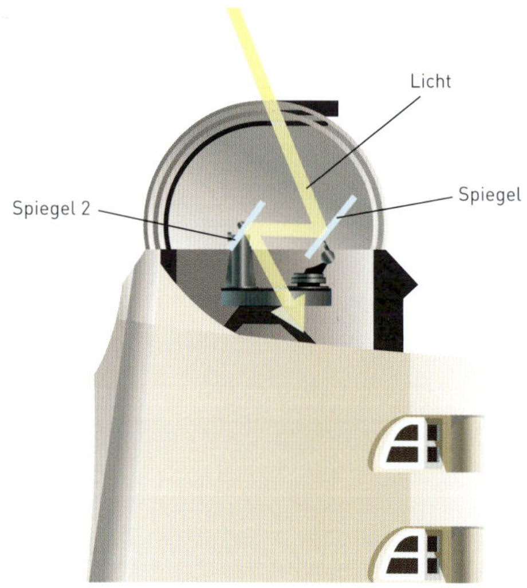

Sonnenobservatorien

Die klassische Lösung für das Helligkeitsproblem ist einfach: Man richtet ein relativ kleines Teleskop auf die Sonne aus und projiziert dessen Bild auf ein großes Papier. So wird das Bild größer, und obendrein verteilt sich durch die Vergrößerung die Helligkeit auf eine größere Fläche. So man kann das Bild mit ungeschützten Augen betrachten – und genau das haben die Astronomen über Jahrhunderte hinweg getan. Eines der berühmtesten Sonnenobservatorien, das so arbeitet, steht in Potsdam bei Berlin; der weiße „Einsteinturm" wurde gebaut, um die Gültigkeit der Allgemeinen Relativitätstheorie an der Sonne zu überprüfen.

Hauptproblem Helligkeit

Die Sonne strahlt sehr hell. Was Sonnenanbeter freut, ärgert die Astronomen: Die Helligkeit aus der Photosphäre überstrahlt alle Details und kann obendrein den Augen schaden. Und auch in „normalen" Weltraumteleskopen wie Herschel oder Hubble achtet eine Software ständig darauf, dass die Kameras keinesfalls in Richtung Sonne zeigen – sie würden sofort zerstört werden.

Im April 2001 gelang SOHO diese großartige Aufnahme der **Sonnenoberfläche**.

Die Sonne während einer Sonnenfinsternis

Man kann die Sonne auch beobachten, wenn der größte Teil der Sonnenscheibe für uns verdeckt ist – bei einer totalen Sonnenfinsternis nämlich. Sobald die Mondscheibe die Sonne abdeckt, kann man einen kurzen Blick auf den Rand der Sonne werfen und die Korona, die Chromosphäre und die atmosphärischen Schichten beobachten. Und wenn man Glück hat, dann schleudert die Sonne genau in diesem Moment auch noch eine Sonnenfackel ins All!

Der Sonnensatellit **Hinode** wurde 2006 ins All geschossen.

Hinode

Das Sonnenteleskop Hinode (das japanische Wort bedeutet „Sonnenaufgang") umrundet die Erde in 600 km Höhe und besteht eigentlich aus drei Teleskopen: einem Spiegelteleskop mit einem 50-cm-Spiegel für sichtbares Licht, einer Kamera für Röntgenstrahlung und einer für UV-Strahlung. Hinode kann aufgrund seiner Bahn die Sonne acht Monate im Jahr beobachten.

Sonnenteleskope

Obwohl man die Sonne auf der Erde ganz gut sehen kann – vom All aus geht es noch besser, besonders, was Gamma-, Röntgen- und UV-Strahlung angeht. Daher wurde eine ganze Reihe von Sonnenteleskopen ins Weltall gestartet, z. B. das Solar & Heliospheric Observatory (SOHO) von ESA und NASA oder das Solar Dynamics Observatory (SDO) der NASA, das u. a. zur Beobachtung der Magnetfelder der Sonne gebaut wurde. Auch das japanische Projekt Hinode und dessen Vorgänger Yohkoh sind Sonnenteleskope im All. Ein weiteres, geplantes Teleskop ist das chinesische Projekt Space Solar Telescope (SST); es soll sich ähnlich wie SDO auf die Magnetfelder der Sonne konzentrieren.

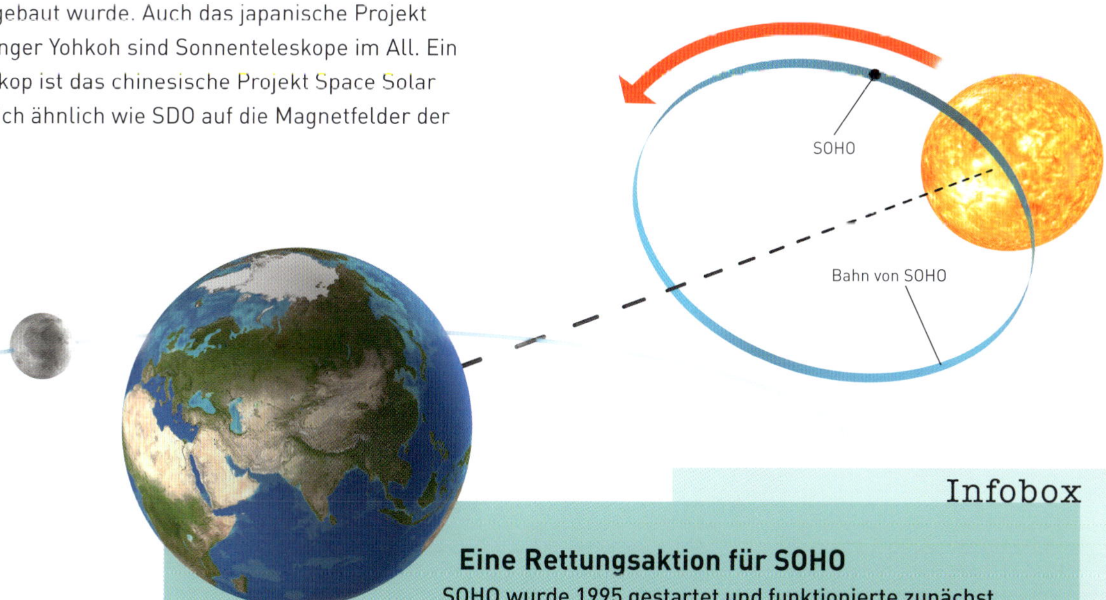

Das Sonnenobservatorium **SOHO** umkreist langsam einen Punkt zwischen Erde und Sonne.

Infobox

Eine Rettungsaktion für SOHO

SOHO wurde 1995 gestartet und funktionierte zunächst tadellos – doch nach etwa zwei Jahren Betrieb brach wegen eines Softwarefehlers der Kontakt ab. Sechs Wochen lang versuchten die Techniker nun, die schlafende Sonde zu wecken – immerhin hat sie zwölf teure Instrumente und Kameras an Bord. Doch die Sonnensegel standen so, dass SOHO keinen Strom erzeugen konnte. So erloschen die Heizungen und SOHO fror ein, während es langsam seine Bahn zog. Dabei drehten sich die Sonnensegel zum Glück so, dass sie wieder etwas Strom erzeugten. An Radioteleskopen in aller Welt begannen Astronomen, die Sonde anzufunken und auf mögliche Signale zu lauschen. Tatsächlich schaffte man es, den Kontakt wieder herzustellen – und SOHO machte sich mit neuer Software und aufgetauten Treibstofftanks wieder an die Arbeit!

Zwischen 1999 und 2006 machte der **Mars Global Surveyer** mehr als 240 000 Aufnahmen des Mars.

Aktivbox

Fotos von fernen Planeten

Das brauchst du: einen Computer mit Internetanschluss.

Die großen Weltraumbehörden NASA (www.nasa.gov), ESA (www.esa.int), ROSKOSMOS (www.www.federalspace.ru) oder JAXA (www.jaxa.jp) stellen unzählige Bilder von Planeten und anderen Himmelskörpern ins Internet. Außerdem haben die meisten Weltraummissionen ihre eigenen Webseiten. Recherchiere diese Seiten und suche die schönsten Aufnahmen der Planeten, Monde und Planetoide!

Planetenfotos I

Sonden schicken uns Erinnerungsfotos, wenn sie an Planeten vorbeifliegen – und die zeigen die Himmelskörper in einer Genauigkeit, die man von der Erde aus nie erreichen kann.

Technische Probleme auf dem Weg ins All Als die ersten Sonden in den 1950er-Jahren ins All geschickt wurden, war das Hauptziel der Mond. Danach waren Venus und Mars an der Reihe – doch die noch junge Raumfahrttechnik machte Probleme. Viele Trägerraketen explodierten gleich nach dem Start oder gingen unterwegs kaputt. Manche Sonden vertrugen die Erschütterungen beim Start nicht, und ihre Funksender blieben stumm. Einen der ersten Planetenbesuche machte die russische Sonde Venera 1: Sie flog 1961 in etwa 100 000 km Entfernung an der Venus vorbei. Genau weiß man es nicht, weil die Instrumente ausgefallen waren. 1965 flog Mariner 4 als erste Sonde am Mars vorbei – und schoss Fotos aus etwa 10 000 km Entfernung.

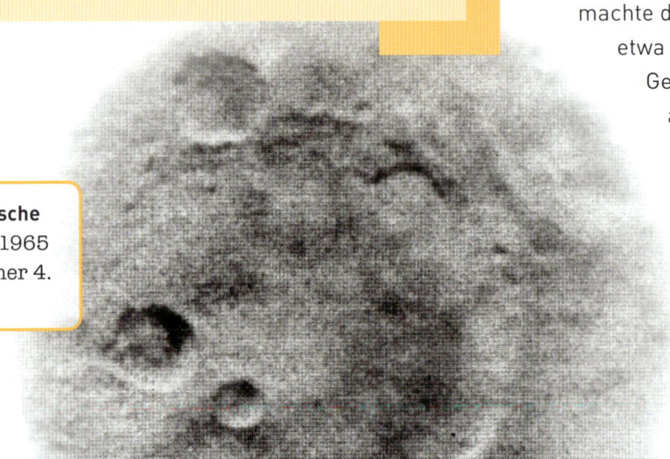

Dieses **historische Marsfoto** von 1965 machte Mariner 4.

Wolken versperren die Sicht

Seit den 1960er-Jahren wurden mehr als 20 erfolgreiche Missionen zur Venus durchgeführt. Die meisten von ihnen vermaßen nur Oberflächentemperatur, Rotationsgeschwindigkeit oder die Zusammensetzung der Venusatmosphäre. Weil ohnehin kein Blick durch die dichten Wolken möglich ist, verzichtete man auf Fotos aus dem All. Erst der Satellit Galileo, der 1990 die Venus erreichte, machte Bilder der Wolkenoberfläche. Bis dahin hatten sich Astronomen mit dem begnügen müssen, was sie in den irdischen Teleskopen erkannten: ein weißlich-bläuliches Scheibchen.

Fotos des Merkurs

Die ersten Fotos vom sonnennächsten Planeten lieferte Mariner 10: 1974 und 1975 flog die Sonde insgesamt dreimal am Merkur vorbei und fotografierte etwa die Hälfte der Oberfläche in 2700 Fotos ab. Die Fotos zeigten eine Kraterlandschaft ähnlich wie auf dem Mond, unterteilt durch weite Ebenen und Falten, die entstehen, weil Merkur abkühlt und schrumpft. Lange waren diese Fotos die aktuellsten Bilder vom Merkur: Für Weltraumteleskope wie Hubble kreist der kleine Planet einfach zu nah an der Sonne. Bei einem Blick auf Merkur könnten die Kameras des Teleskops erblinden.

1974 lieferte Mariner 10 dieses Foto vom **Merkur**, das den Krater Brahms zeigt.

Sturmwarnung auf dem Mars

Nach den wenigen grob gerasterten Schwarz-Weiß-Bildern von Marskratern aus der Kamera von Mariner 4 lieferten die Sonden Mariner 6 und 7 1969 das erste große Paket mit Fotos vom Mars: zusammen rund 200 Stück. Beim Nachfolger Mariner 9 hatten die NASA-Techniker dann ein Problem: Gerade bei der Ankunft begann der alljährliche Staubsturm auf dem Mars. Die Sonde drehte Warteschleife um Warteschleife, bis sie mit dem Fotografieren beginnen konnte – und schaffte dann immerhin noch 7000 Fotos, bis der Sprit ausging. Den ersten vollständigen Marsatlas konnte man dann mit dem Mars Global Surveyor erzeugen, der ab 1997 den Mars bis ins letzte Detail kartierte.

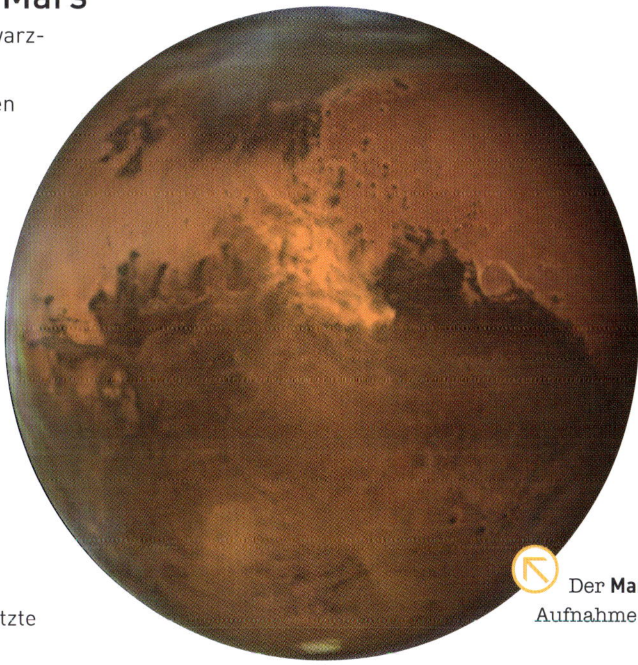

Der **Mars** im Oktober 2005 auf einer Aufnahme des Hubble Weltraumteleskops.

Infobox

Die Planeten im Blick von Hubble und Co

Auch die großen irdischen Teleskope und die Weltraumteleskope, die um die Erde kreisen, haben viele Planeten untersucht. Die Qualität der Bilder ist zwar nicht mit denen vergleichbar, die Sonden im Vorbeiflug machen können, doch auch sie zeigen erstaunliche Details der Planeten – etwa die Eiswolken über den Polen des Mars, die das Hubble Weltraumteleskop (links) 2001 fotografierte. Oder die Bilder der Monde und Ringe des Uranus, die an der Europäischen Südsternwarte entstanden.

Die Aufnahmen der ESA-Sonde **Mars Express** zeigen den Roten Planeten in zuvor unerreichter Bildqualität.

Planetenfotos II

Auf manche Planetenfotos mussten die Wissenschaftler lange warten – die Technik war noch nicht weit genug entwickelt. Und einige Sonden waren 20 Jahre und mehr unterwegs, bis sie ihr Ziel erreichten.

Die Venus in 3D Anfang der 1990er-Jahre sahen sich Astronomen mithilfe von Radar einen Planeten erstmals auch dreidimensional an. Sie nutzten dazu Daten der Sonde Magellan, die ab 1990 die Oberfläche der Venus mit Radar „fotografierte“. Für ein dreidimensionales Bild braucht man zwei Fotos, die in einem gewissen Abstand voneinander aufgenommen werden – eines für jedes Auge. Magellan überflog dazu die Venusoberfläche sehr oft und schoss Fotos aus verschiedenen Blickwinkeln. Per Computer berechnete man daraus auf der Erde 3D-Aufnahmen.

Mars in drei Dimensionen Eine weitere Besonderheit der Kamera des Mars Express ist, dass sie die Berge und Täler gleichzeitig aus verschiedenen Blickwinkeln fotografiert. So konnte man mithilfe der Aufnahmen ein Höhenmodell des Mars berechnen – zuvor musste man dazu einen Planeten mehrfach überfliegen und aufwendig aus verschiedenen Winkeln fotografieren. Ein Nebenprodukt sind beeindruckende dreidimensionale Aufnahmen der Marslandschaft. Mit ihnen wollen Wissenschaftler nachvollziehen, wo Wasser auf dem Mars geflossen sein könnte.

Der schnelle Mars Express 2003 startete die ESA den Mars Express, der so genannt wurde, weil die Sonde in nur sechs Jahren entwickelt, gebaut und ins All geschickt wurde. Zum Vergleich: Am Weltraumteleskop Hubble wurde 25 Jahre lang geplant! Als der Mars Express im Dezember in eine Umlaufbahn um den Mars einschwenkte, setzte er seine hochauflösende Kamera in Betrieb, die den Planeten (und seine Monde) Meter für Meter abfotografierte: Ein Pixel entspricht auf den Bildern einem Abstand zwischen 2 und 10 m – so genau war zuvor noch kein Planet aus dem All unter die Lupe genommen worden.

1977 begann mit dem Start einer Titan-Centaur-Rakete die Mission von **Voyager 1**.

Die erfolgreichste Raummission aller Zeiten

Die Zwillinge Voyager 1 und 2 hatten einen weiten Weg vor sich, als sie im August und September 1977 gestartet wurden: Sie sollten alle äußeren Planeten abfliegen, vom Mars bis zum Uranus. Als sie dann noch weiter ins All vorstießen und das Sonnensystem verließen, arbeiteten viele ihrer Instrumente noch immer – zur Überraschung der Techniker und Wissenschaftler. So wurde die Voyager-Mission zu einer der erfolgreichsten der Raumfahrtgeschichte.

Falschfarbenaufnahme der **Saturnringe**.

Fotos von fernen Planeten

Auf ihrem Weg schossen Voyager 1 und 2 viele Fotos: Sie flogen 1979 an Jupiter vorbei und lieferten etwa ein Jahr später Bilder von Saturn. Dabei waren sie zwar Millionen Kilometer von dem Planeten entfernt, doch diese Strecke war nur ein Bruchteil der Entfernung Erde–Saturn. Voyager 2 bog dann in Richtung Uranus ab und erreichte ihn 1986. Drei Jahre später meldete sich Voyager 2 wieder: Die Sonde hatte es bis zum Neptun geschafft. Und 1990 funkte Voyager 1 eine Serie Abschiedsfotos vom Sonnensystem. Aus 6 Mrd. km Entfernung erscheint die Erde auf dem Foto wie ein kleiner, bläulicher Punkt. Niemand hatte so ein Foto beim Start der Voyager-Sonden für möglich gehalten.

Infobox

Roter Fleck auf Jupiter und Saturnringe

Mit den Voyager-Sonden machten Astronomen viele wichtige Entdeckungen, z. B. auf dem Jupiter: Man wusste schon lang, dass sich auf dem Planeten ein roter Fleck befindet. Doch erst auf den Fotos von Voyager erkannte man, dass es sich um einen riesigen Wirbelsturm handelt. Beim Vorbeiflug am Saturn sah man erstmals, dass die Saturnringe Knicke und Wellen aufweisen. Und auch dass auf dem Neptun die heftigsten Stürme im Sonnensystem wuten, erfuhr man erst dank Voyager.

Eine Voyager-Sonde

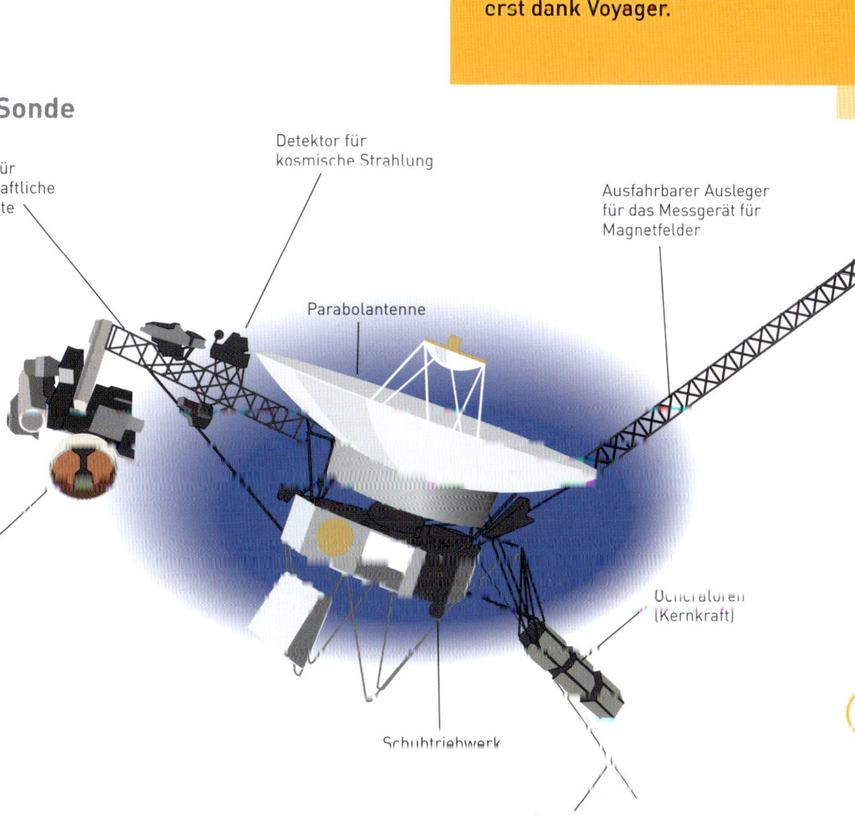

Diese Aufnahme des Neptuns stammt von Voyager 2.

Die von tiefen Canyons durchzogene Landschaft des **Noctis Labyrinthus** (Labyrinth der Nacht), aufgenommen von der Sonde Mars Odyssey.

Landungen auf dem Mars

Um den Mars wirklich kennenzulernen, genügen Satellitenbilder alleine nicht: Man muss auch auf ihm landen – mitten in der rostigen Wüste.

Harte Zeiten auf dem Mars Kurz nach den frühen Raumfahrt-Erfolgen schickte das russische Militär erste Sonden zu anderen Planeten. Bereits im dritten Anlauf schafften sie es im Jahr 1971 bei der Mission „Mars", einen Satelliten in die Marsumlaufbahn zu bringen und eine Sonde in Richtung Oberfläche zu schicken. Obwohl das kleine Landemodul von Mars 3 mitten in einen furchtbaren Sandsturm geriet, arbeiteten die Bremssysteme korrekt – und die erste Marslandung der Geschichte gelang. Doch der Jubel dauerte nur 20 Sekunden: Danach setzten die Systeme des Landungsmoduls aus. Man glaubt heute, dass es im Sturm einfach umgeweht wurde!

Zahllose Steine umgaben die Landestelle von **Viking 2**.

Infobox

Technische Probleme

Nur zwei Planeten haben die Menschen bislang mit unbemannten Sonden besucht: Venus und Mars. Die technischen Probleme waren dabei sehr unterschiedlich: Der Himmel der heißen Venus ist von dichten Wolken bedeckt; niemand wusste daher genau, wie der Boden darunter aussah. Der Mars wird dagegen immer wieder von Staubstürmen heimgesucht, die einige Sonden spurlos verschluckten!

Die Viking-Mission Mitte der 1970er-Jahre startete auch die NASA ein Marslander-Programm. 1976 landete die Sonde Viking 1 und sendete sechs Jahre lang Daten zur Erde. Das baugleiche Landemodul von Viking 2 setzte im selben Jahr etwas näher am Pol auf und erlebte dort sogar, wie sich im Winter Frost auf dem Gestein und dem Modul selbst niederschlug. Beide Module funkten zusammen mehr als 1400 Bilder zur Erde.

Die ersten Marsrover

1997 kam der Mars der Erde wieder näher – und neue Marsmissionen begannen. Bei den bisherigen Landemissionen waren unbewegliche Landungsmodule eingesetzt worden. Jetzt sollten auch bewegliche Geräte, sogenannte Rover, eingesetzt werden. Mit den ersten beiden dieser Roboter auf Rollen, Pathfinder und Sojourner, wollte man ausprobieren, ob so etwas überhaupt geht. Die Rover rollten aus einem größeren, etwa 800 kg schweren Landungsmodul heraus, das auf Airbags landete. Die verhältnismäßig preiswerte Mission wurde ein großer Erfolg: Pathfinder und Sojourner arbeiteten rund 80 Tage lang!

Marsrover (Spirit/Opportunity)

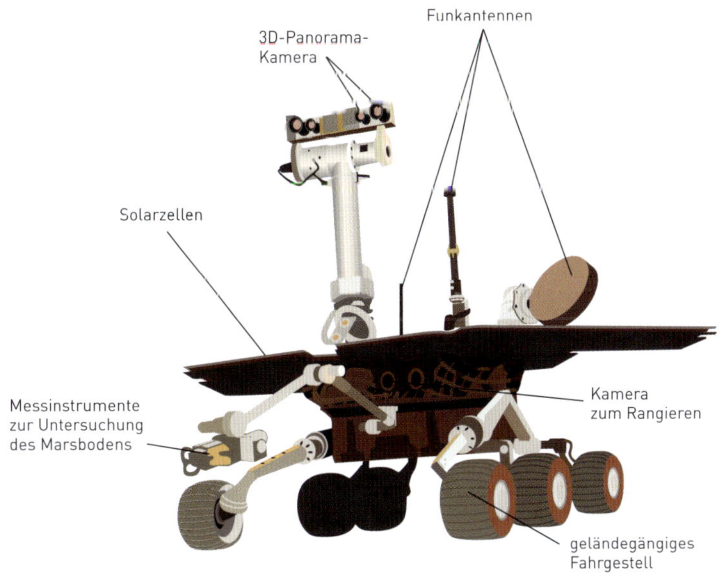

Weitere Marsmissionen

2001 folgte die Mission Mars Odyssey – ein Satellit, der um den Mars kreist und ihn bei Tag und Nacht im sichtbaren und infraroten Licht fotografiert. Mars Odyssey hatte jedoch noch eine zweite Aufgabe: Der Satellit war eine Art Vermittler zwischen zwei Rovern der zweiten Generation, die wenig später durch den Marssand pflügten. Im Januar 2004 landeten Spirit und Opportunity auf dem Mars und sendeten in den folgenden Jahren viele Bilder und Daten. 2012 landete der Rover Curiosity (NASA Mission Mars Science Laboratory), ausgerüstet mit einer Vielzahl von Messinstrumenten und Kameras, auf dem Mars.

Aktivbox

Eine Brauserakete

Das brauchst du: ein Filmdöschen, eine Brausetablette, ein flaches Wasserglas.

Stell das Wasserglas im Freien auf – z. B. auf einer Wiese. Füll das Filmdöschen mit etwas Wasser, wirf die Brausetablette hinein. Jetzt muss es schnell gehen: Verschließ das Döschen, stell es verkehrt herum ins Wasserglas und tritt ein paar Schritte zurück. Es dauert nicht lang, und der Gasdruck im Döschen ist so hoch, dass der Deckel abfliegt – und das Döschen in hohem Bogen wegfliegt!

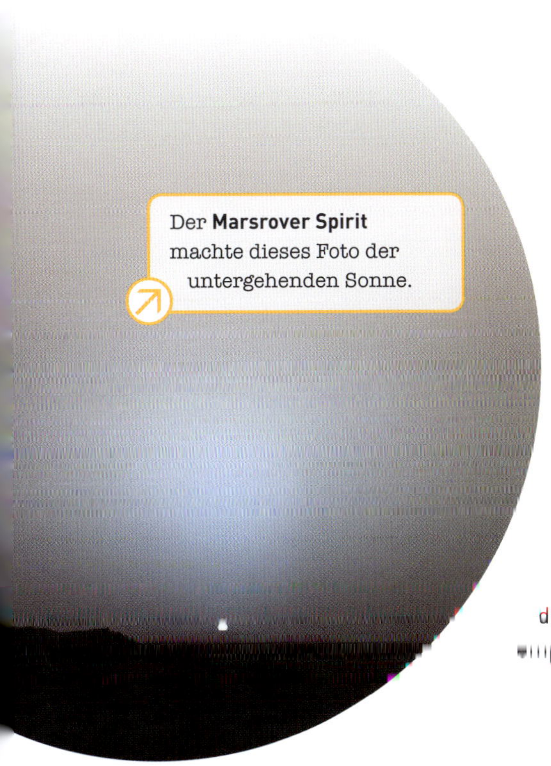

Der **Marsrover Spirit** machte dieses Foto der untergehenden Sonne.

Ein Sonnenuntergang auf dem Mars

An seinem 489. Tag ließen die Astronomen den Marsrover Spirit etwas länger aktiv bleiben, um ein Foto vom Sonnenuntergang auf dem Mars zu machen (s. links). Das Foto wurde in drei Spektralbereichen aufgenommen. Auf der Erde haben Astronomen dann daraus ein Bild zusammengesetzt, das ungefähr dem entspricht, was ein Mensch in derselben Situation wohl gesehen hätte – vielleicht muss man sich das Ganze etwas weniger rot vorstellen, denn die „Augen" des Marsrovers sind im roten Bereich besonders empfindlich.

Die Landung der Sonde **Huygens** auf dem Titan war eine Meisterleistung.

Besuche auf extremen Welten

Die Venus hat eine dicke Atmosphäre, unter der es ungemütlich warm ist und auf dem eiskalten Titan regnet es Methan. Keine einfachen Bedingungen für die Techniker, die ein Landemodul bauen sollen.

Bruchlandungen 1961 sollte die Venus zum ersten Mal angeflogen werden – mit der sowjetischen Mission Sputnik 7. Die Sonde sollte eigentlich hart auf der Venusoberfläche aufschlagen, doch sie schaffte es nur bis in eine Umlaufbahn der Erde, weil die Trägerrakete versagte. Viereinhalb Jahre und etwa zehn Versuche später klappte es dann endlich mit dem ersten Besuch auf einem anderen Planeten: Venera 3 krachte am 1. März 1966 auf die Oberfläche der Venus. Leider hatte man zuvor keine Funkverbindung zur Sonde – vermutlich hat die dichte Atmosphäre den Funkempfang gestört. Neue Informationen über die Venus hatte man also keine bekommen.

Erste Erfolge Venera 4 hatte im Oktober 1967 mehr Glück: Die Sonde setzte zuerst einige Messinstrumente aus, darunter ein Thermometer und ein Messgerät für den Gasdruck. Die sendeten Daten an die Sonde, die sie zur Erde weiterreichte, während sie selbst an Fallschirmen in Richtung Venusoberfläche sank. Obwohl ihre Instrumente schon in 25 km Höhe kaputt gingen, wohl, weil die heiße Schwefelsäure sie zerfressen hatte, erhielten die Wissenschaftler so einen ersten Eindruck von der Atmosphäre der Venus und von den darin herrschenden Druckverhältnissen. Auch die Nachfolger, die Zwillinge Venera 5 und 6, schafften es ein gutes Stück durch die Atmosphäre und sendeten Daten – bevor sie vom hohen Druck zerquetscht wurden.

Die Venus ohne Wolken – ein aus Radarbildern zusammengesetztes **Planetenportrait**.

Landung auf der Venus

Die erste wirklich erfolgreiche Landung auf der Venus gelangte Venera 7 im Dezember 1970 – eine sowjetische Sonde, die trotz eines kaputten Fallschirms wohlbehalten auf der Venus ankam. 23 Minuten lang maß sie Temperatur und Druck, dann versagte auch sie – kein Wunder, bei 475 °C Hitze und dem 90-fachen Druck der Erdatmosphäre! Der Nachfolger Venera 8 hatte daher eine Art Kühlschrank an Bord. Auch er landete erfolgreich und maß erstmals die Lichtverhältnisse. Ergebnis: Das Licht würde für Fotos ausreichen.

Die Bilder von Venera 9 zeigten die **Venusoberfläche** als ungemütliche Geröllwüste.

Fotos von der Venus

Aufgrund der Erkenntnisse von Venera 8 bekam das Landemodul von Venera 9 eine Kamera. Damit machte es im Oktober 1975 die ersten Fotos eines fernen Planeten – kleine digitale Schwarz-Weiß-Bildchen, die einen steinigen Wüstenboden zeigten, etwas verzerrt durch die Kameraoptik. Weitere Venera-Missionen sendeten ähnliche Bilder von der Venus, Venera 13 sogar in Farbe: Eine Lavawüste unter einem grünlich-gelben Himmel. Krater gibt es auf der Venus keine: Meteoriten verglühen in der dichten Atmosphäre.

Venera 11

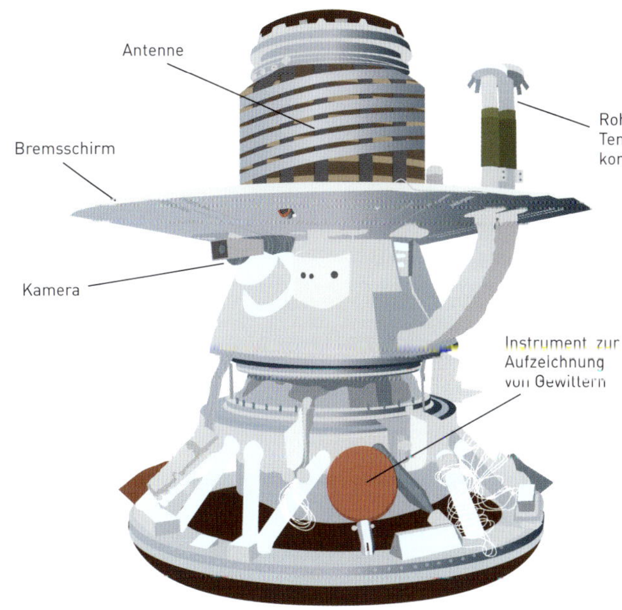

Infobox

Weitere Missionen

Mars und Venus sind die einzigen beiden Planeten, auf denen bisher erfolgreich Sonden gelandet sind. Hinzu kommen Landungen auf dem Saturnmond Titan und einigen Planetoiden. Die Gasplaneten scheiden mangels Oberfläche für eine Landung aus. Doch was ist mit Merkur? Aufgrund seiner Temperaturextreme und Entfernung ist er ein besonders schwieriger Fall. Weil er fast keine Atmosphäre besitzt, kann man hier keine Bremsfallschirme einsetzen – die Landung muss entweder mit Airbags oder Bremsraketen erfolgen. Nicht viele Missionen haben sich daher bisher mit der kleinen heißen Steinkugel beschäftigt. Der Satellit Messenger, der im März 2011 den Merkur erreichte, ist der erste Besuch seit 1975 – damals flog Mariner 10 am Merkur vorbei.

Landungen auf Monden

Nicht nur auf Planeten sind bisher Sonden von der Erde gelandet, auch auf einem fernen Mond: Die NASA-Sonde Cassini stattete 2004 dem Saturn nämlich einen Besuch ab, aber sie war nicht allein: Mit an Bord hatte sie die von der ESA gebaute kleine Sonde Huygens, die 2005 an Fallschirmen auf dem Saturnmond Titan niederging, gebeutelt von Winden mit Geschwindigkeiten von bis zu 430 km/h. Huygens landete bei –175 °C Kälte in einer verregneten Welt: Immer wieder gehen auf dem Mond Schauer aus Methan und Ethan nieder. Unterdessen träumen Wissenschaftler schon von der nächsten Landung, um den Eisozean auf dem Jupitermond Europa untersuchen zu können.

Stardust im Anflug auf den Kometen Wild 2.

Einmal Komet und zurück

Eine besondere technische Herausforderung ist es, irgendwo im All Material einzusammeln und auf die Erde zurückzubringen. Genau das ist die Aufgabe von Partikelsonden.

Meteoritenstaub auf dem Bücherregal

Astronomen schätzen, dass täglich zwischen 1000 und 10 000 t Meteoriten auf die Erde fallen – die meisten davon als feinster Staub. Tatsächlich stammt ein Teil des Staubes auf Bücherregalen und Schreibtischen aus dem Weltall! Weil dieser Staub aber kaum vom irdischen Staub zu trennen ist, konzentrieren sich irdische Meteoritensucher vor allem auf größere Meteorite, die eindeutig als solche zu erkennen sind. Oft suchen sie in eisigen Regionen wie der Antarktis Schneefelder systematisch nach schwarzen Steinen ab.

Infobox

Kometenstaub

Bei einem Vorbeiflug des Kometen Wild 2 hat die Sonde Stardust Kometenstaub gesammelt: Stardust wurde im Februar 1999 gestartet. Zum Sammeln des Staubes hatte die Sonde eine Art Setzkasten an Bord. Jedes Kästchen war mit einem Gel gefüllt, in das die Staubteilchen hineinrasten – das Gel bremste die Teilchen und hielt sie fest. So konnte Stardust die Proben sicher zur Erde bringen. Sie erzählten den Astronomen z. B., dass Kometen vielfältiger zusammengesetzt sind, als sie gedacht hatten: Ein Teil der Steinchen hat offenbar eine sehr heiße Phase überstanden, bevor er mit dem Eis des Kometen zusammengebacken wurde. Wie das geschah, das müssen die Forscher noch herausfinden.

Kometenschweif und Sonnenwind

Astronomen sind nicht nur an Meteoriten interessiert, sondern auch an dem staubfeinen Material im Weltraum. Dieses stammt nämlich u. a. aus Kometen, die breite Staubspuren im All hinterlassen: Sobald sie in die Nähe der Sonne geraten, beginnt ihr Staubschweif ins All zu sprühen und markiert ihren Weg. Kreuzt die Erdbahn diese Spuren, dann regnet es Sternschnuppen. Eine andere interessante „Staubschleuder" ist die Sonne. Der Sonnenwind verrät den Astronomen viel über die physikalischen Vorgänge in der Sonne – doch seine Zusammensetzung ist nur ungefähr bekannt.

In der Antarktis fand man 2007 diesen großen **Meteoriten**.

Partikelsonde Stardust

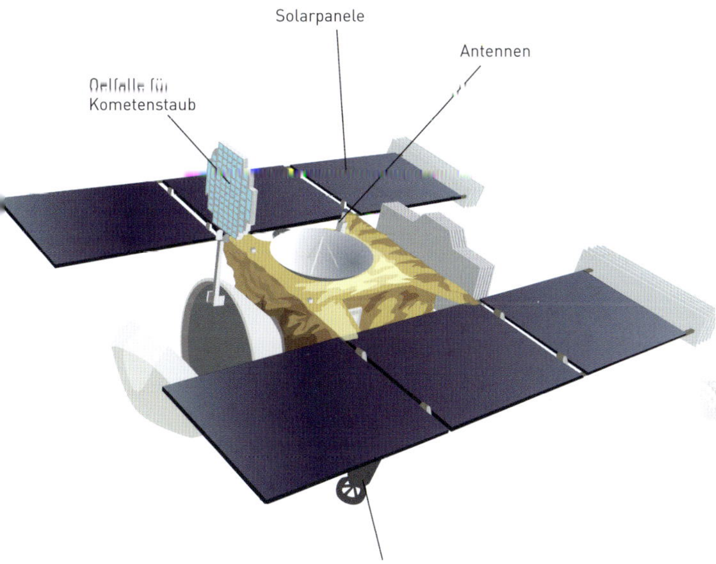

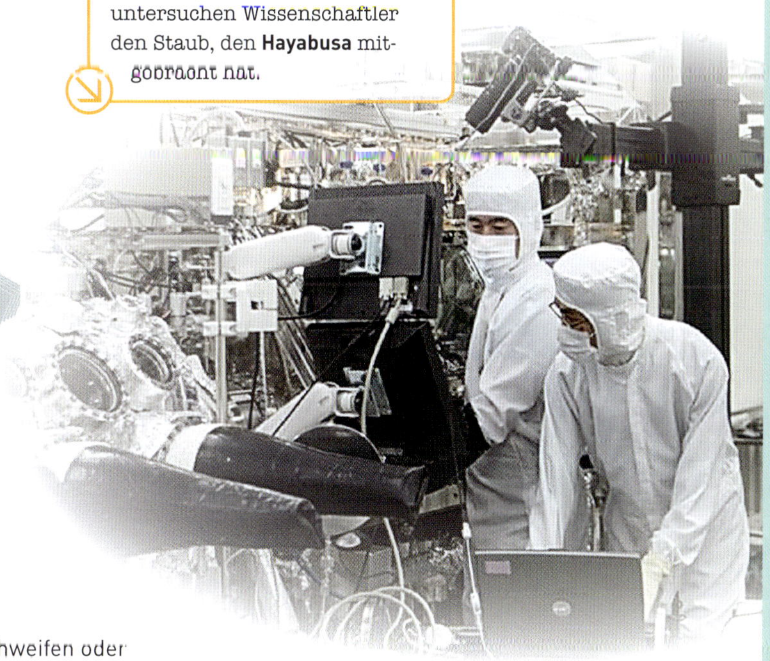

Nach einer langen Mission untersuchen Wissenschaftler den Staub, den **Hayabusa** mitgebracht hat.

Staubsaugen im All? Um Material aus Kometenschweifen oder aus dem Sonnenwind einzusammeln, muss man sich auf den Weg ins All machen. Die Theorie klingt einfach: Man baut eine Art Staubsauger oder Staubfalle, schickt sie durch den Staub, und lässt die Sonde das gesammelte Material wieder zur Erde bringen. Doch die technische Umsetzung ist kompliziert – ein Meteorit ist im All kaum mehr als ein Pünktchen im Nichts, und Kometenstaub rast mit einem Vielfachen der Geschwindigkeit einer Gewehrkugel durch das All!

Bruchlandung Wie schwierig es ist, Staubproben zur Erde zu bringen, zeigt das Schicksal der ersten Sonnenwindsonde Genesis: Die machte eine Bruchlandung. Sie war 2001 gestartet und hatte einen komplizierten Flug um Erde und Sonne vollführt. Dabei hatte sie erfolgreich die Proben eingesammelt. Geplant war, die Proben über der Erde an einem Fallschirm abzuwerfen. Doch der Fallschirm öffnete sich nicht, und die wertvollen Proben rasten mit 300 km/h in den Erdboden. Mit Glück ließ sich ein kleiner Teil der Proben verwenden.

Fast ein kompletter Fehlschlag: die abgestürzte **Sonde Genesis**

Meteoritenstaub Trotz einiger Probleme war die Mission der japanischen Sonde Hayabusa ein großer Erfolg. Die Sonde war sieben Jahre durch das Weltall zum Meteoriten Itokawa geflogen. Dort sollte sie landen und nussgroße Steinstückchen aus der lockeren Oberfläche des Meteoriten kratzen. Doch erst nach dem zweiten Anlauf waren sich die Astronomen sicher, dass die Sonde tatsächlich auf dem Meteoriten gelandet war, und auf dem Rückflug gab es Probleme mit der Kommunikation und mit einem Leck im Tank. Dennoch landete Hayabusa im November 2010 wieder auf der Erde – mit zwei Probenbehältern im Gepäck. Nach dem Öffnen zeigte sich, dass einer tatsächlich Material von Itokawa enthielt – wenn auch weniger als gedacht: 1500 winzige Staubkörner von weniger als einem Hundertstel Millimeter Größe!

Tief im Eis der Antarktis befindet sich das Neutrinoteleskop **IceCube** (rechts).

Neutrinos – Geister aus dem All

Neben der Dunklen Materie gehören Neutrinos zum Geheimnisvollsten, was die moderne Physik zu bieten hat. Wie Geisterteilchen rasen sie durch Erde und Menschen, ohne dass man es merkt – und die Sonne liefert ständig Nachschub.

Entstehung von Neutrinos

Es gibt zwei Arten von Bausteinen für Atomkerne: Protonen und Neutronen. Diese Teilchen können ineinander umgewandelt werden. Dabei entstehen Neutrinos – Teilchen mit sehr seltsamen Eigenschaften: Sie besitzen keine Ladung und durchdringen selbst dickste Brocken Materie wie die Erde mühelos, ohne auch nur einmal irgendwo anzustoßen. Ein Neutrino stößt daher extrem selten gegen Atome. Das macht es äußerst schwer, Neutrinos zu entdecken. In der Sonne werden ständig Protonen in Neutronen umgewandelt. Wissenschaftler glauben, dass dort in jeder Sekunde annähernd $2 \cdot 10^{38}$ Neutrinos entstehen – eine unvorstellbar große Zahl.

Die Suche nach Neutrinos

Die allermeisten Neutrinos rutschen einfach durch die Detektoren hindurch, ohne bemerkt zu werden. Dabei ist es für die Physiker sehr wichtig, zu wissen, wie viele Neutrinos tatsächlich in der Sonne entstehen. Denn das verrät ihnen, ob die derzeitigen Theorien der Wissenschaftler korrekt beschreiben, wie Materie aufgebaut ist. Deshalb wurden in den vergangenen Jahrzehnten eine ganze Reihe von Neutrinoteleskopen gebaut, die mit herkömmlichen Teleskopen nichts zu tun haben: Sie befinden sich unter der Erde oder sogar im Eis der Antarktis. Dort stört keine andere Strahlung aus dem All die Messungen.

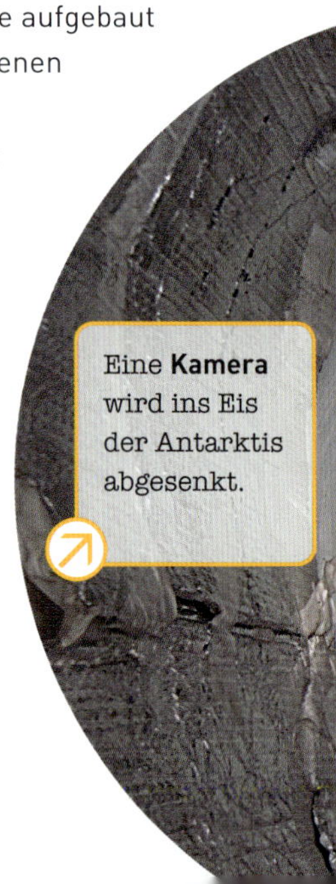

Eine **Kamera** wird ins Eis der Antarktis abgesenkt.

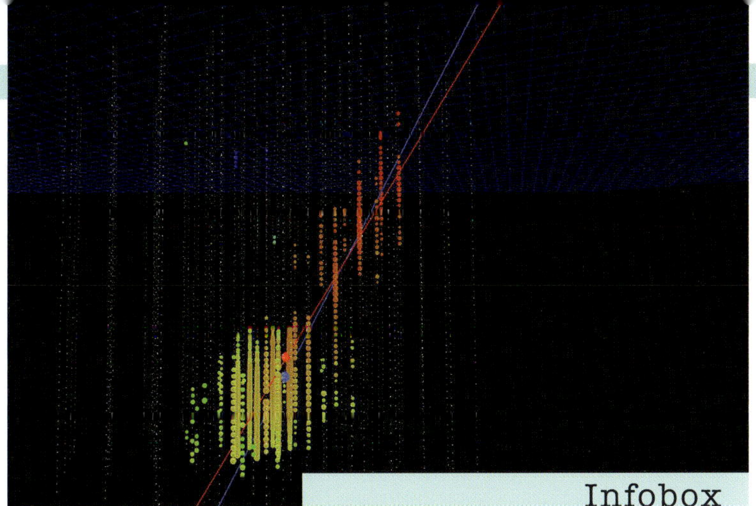

Die Simulation einer **Messung** von IceCube.

Infobox

Das Geheimnis der Neutrinos

Es gibt drei Arten von Neutrinos: Elektron-, Tau- und Myon-Neutrinos. Man glaubt, dass in der Sonne nur Elektron-Neutrinos entstehen. Seltsamerweise hatten aber alle irdischen Neutrinoteleskope dasselbe Problem: Sie fingen nur etwa ein Drittel der erwarteten Elektron-Neutrinos aus der Sonne ein. Stattdessen fanden sie viele Tau- und Myon-Neutrinos. Die Forscher erklären das damit, dass die Neutrino-Sorten sich ineinander umwandeln können: Ein Drittel der Elektron-Neutrinos aus der Sonne verwandelt sich offenbar auf dem Weg zur Erde in Tau-Neutrinos, ein zweites Drittel in Myon-Neutrinos. Daraus konnten die Physiker andere Eigenschaften der Neutrinos ableiten – z. B. die, dass Neutrinos eine Masse besitzen müssen. Für diese Forschung gab es 2002 sogar den Physik-Nobelpreis.

Das IceCube-Teleskop

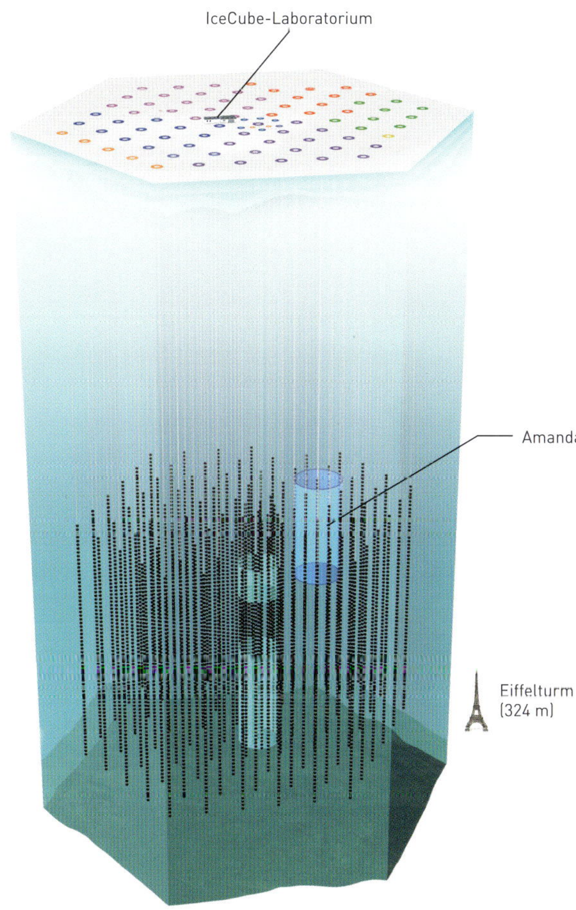

Teleskope im Eis Um Neutrinos aus der Sonne nachzuweisen, wurden bereits zwei Teleskope ins Eis der Antarktis versenkt. Amanda bestand aus fast 700 Spezialkameras, die an 20 Kabeln bis zu 2 km tief ins Eis eingefroren wurden, und Amandas Nachfolger IceCube ist sogar noch größer: Hier hängen 5000 Kameras an fast 100 Kabeln. Das Prinzip ist in beiden Experimenten dasselbe: Trifft ein Neutrino auf ein Sauerstoffatom im Wasser, dann wandelt es sich in ein anderes, sehr schnelles Teilchen um. Das ist so schnell, dass es im Eis eine Art Überschallknall aussendet – einen blauen Lichtblitz. Dadurch, dass mehrere Kameras den Blitz „sehen", kann man auch die Flugrichtung bestimmen und damit erfahren, woher das Neutrino kam.

Teleskope in Bergwerken In Ontario in Kanada befindet sich etwa 2000 m unter der Erdoberfläche in einer der tiefsten Minen der Welt ein gewaltiger Tank, in den Forscher schweres Wasser gefüllt haben. Schweres Wasser unterscheidet sich von normalem Wasser dadurch, dass ein Wasserstoffatom in jedem Wassermolekül ein Neutron mehr enthält als normaler Wasserstoff (man nennt solchen Spezialwasserstoff „Deuterium"). So wurde das Wasser nicht nur etwa 10 % schwerer, sondern es prallten auch mehr Neutrinos gegen ein Neutron und erzeugten dabei je ein Elektron. Das ist so schnell, dass es einen kleinen Blitz gibt, den Kameras rund um den Wassertank nachweisen konnten.

Quizfragen

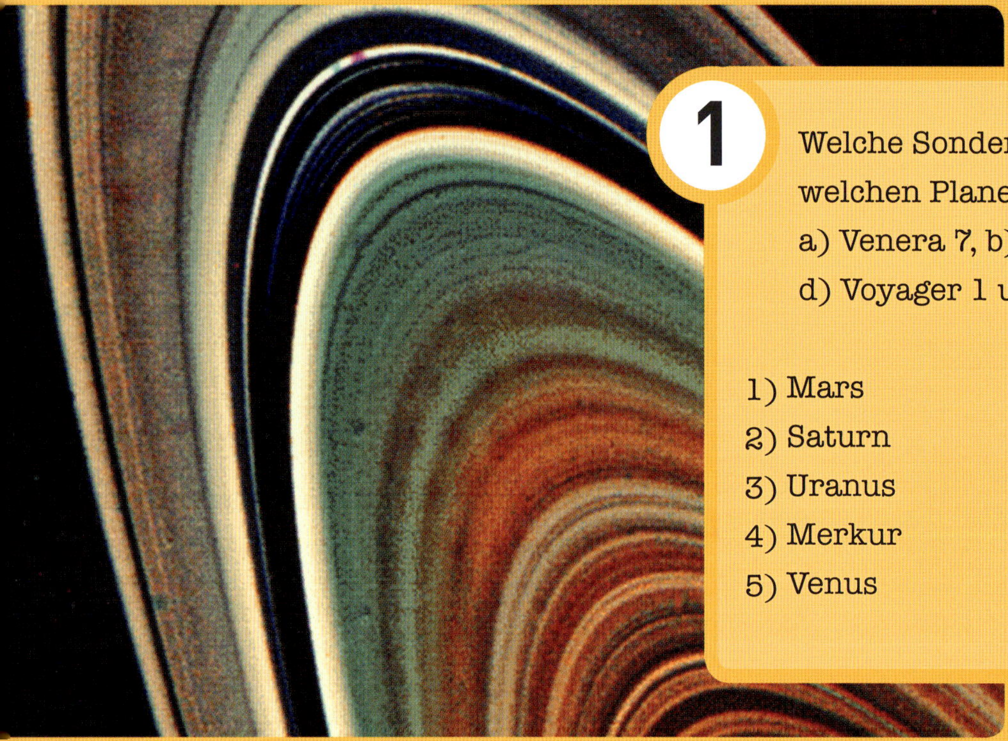

1 Welche Sonden haben Fotos von welchen Planeten gemacht?
a) Venera 7, b) Mariner 9, c) Mariner 10, d) Voyager 1 und 2, e) Voyager 2

1) Mars
2) Saturn
3) Uranus
4) Merkur
5) Venus

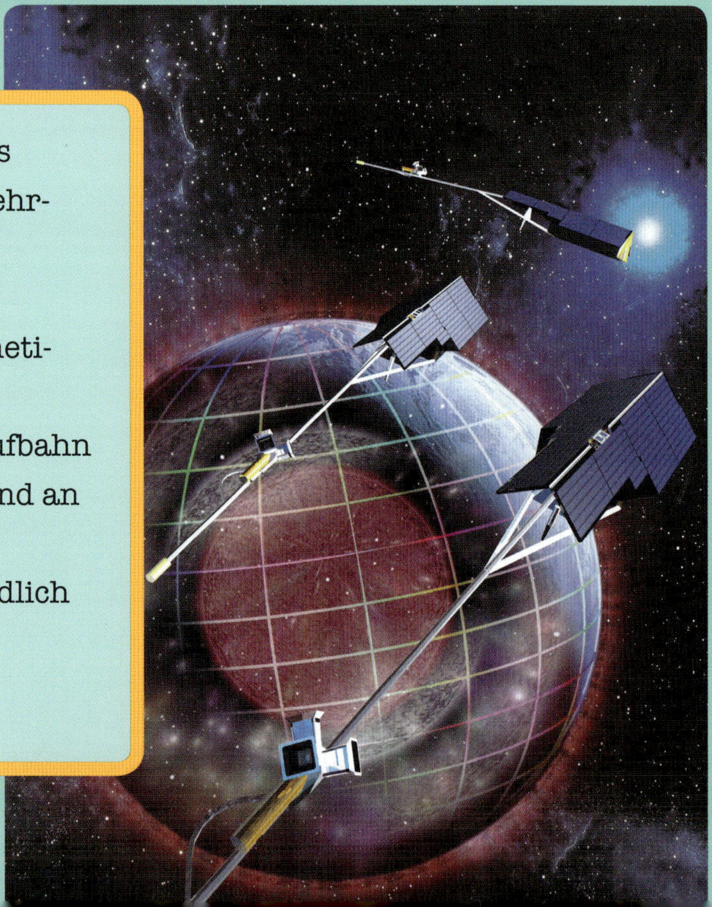

2 Woher weiß man, dass sich das Magnetfeld der Erde schon mehrfach umgepolt hat?

a) Aus Untersuchungen von magnetisiertem Vulkangestein.
b) Weil Satelliten in der Erdumlaufbahn an einigen Stellen langsamer und an anderen schneller fliegen.
c) Weil das Erdgestein unterschiedlich dicht ist.

3

Wo findet man „Regolith“?

a) Sonne
b) Saturn
c) Jupiter
d) Mond

4

Unter dem Eis der Antarktis befinden sich inzwischen schon zwei Neutrino-Teleskope. Warum dort?

a) Weil die Teilchen, Neutrinos, die sie nachweisen sollen, aus der Sonne stammen und deshalb sehr heiß sind, müssen die Teleskope im Eis gekühlt werden.
b) Weil im Eis der Antarktis keine andere Strahlung die Neutrino-Messung stört.
c) Weil man Neutrinos durch blaue Lichtblitze im Eis nachweist.

5

Auf welchem Himmelskörper haben Wissenschaftler bisher Wasser nachgewiesen?

a) Auf der Venus: Sonden haben Fotos geliefert, die Wassereis auf der Venus zeigen.
b) Auf dem Mond: Die Wissenschaftler haben eine Sonde in einen sehr tiefen Mondkrater stürzen lassen (er war so tief, dass dort kein Licht einfiel). Dabei wurde Wassereis nach oben geschleudert.
c) Auf der Sonne. Wegen der großen Hitze gibt es dort Wolken aus Dampf.

Das **Hubble-Weltraumteleskop** wurde seit seinem Start 1990 schon mehrfach repariert. Das Foto zeigt eine Reparatur 2009.

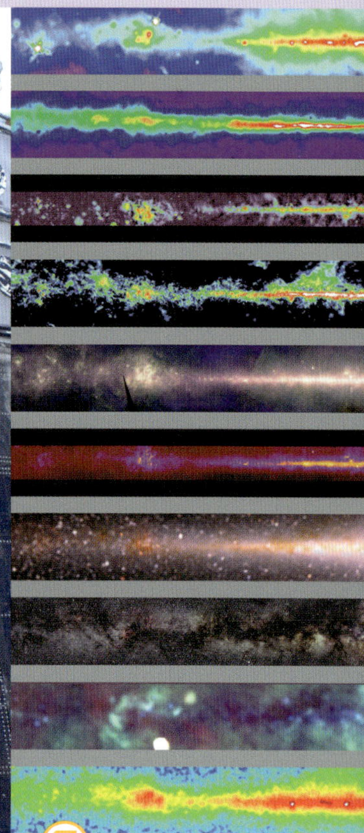

Der Blick auf die Milchstraße – in verschiedenen **Spektralbereichen**.

Weltraumteleskope I

Astronomen wollen die Objekte im Weltall in verschiedenem Licht sehen – und bauen daher Weltraumteleskope. Am bekanntesten ist wohl Hubble, das die Sterne im sichtbaren und infraroten Licht fotografiert.

Das All mithilfe von Fotos verstehen?

Man stelle sich vor, Lebewesen mit einer Lebensspanne von einigen Minuten sollen aus ein paar Fotografien eines Waldes herausfinden, wie sich Bäume entwickeln und Rehe oder Hirsche leben. Ganz schön schwierig! Doch die Arbeit der Astronomen ist dem recht ähnlich: Das Weltall ist unvorstellbar alt, und im Verlauf eines Menschenlebens ändert es sich fast nicht. Die einzige Chance der Astronomen besteht darin, den „Wald", also das Weltall, immer wieder möglichst trickreich zu fotografieren, z. B. in mehreren Spektralbereichen.

Das Licht der Sterne

Vieles, was im All passiert, ist im sichtbaren Licht unsichtbar. Die Umgebung Schwarzer Löcher kann z. B. völlig dunkel sein, im Röntgenlicht glüht sie dagegen auf. Dunkle, abgekühlte Sterne sind kaum zu sehen, strahlen aber oft noch im Infrarotlicht. Und die gewaltigsten Zusammenstöße im All – etwa der Zusammenprall zweier Neutronensterne – erzeugt Gammastrahlung. Je nachdem, was einen interessiert, muss man also das All in einem bestimmten Licht betrachten. Doch dazu muss man ins All starten. Denn auch wenn die Atmosphäre durchsichtig aussieht – sie lässt keineswegs alles durch (s. Illustration rechts). Sichtbares Licht wird durch die Luft kaum gestört, und auch die Wellen im Infrarotbereich, der sich dem sichtbaren Licht anschließt, gelangen ganz gut hindurch, ebenso wie Mikrowellen. Andere Spektralbereiche werden aber mehr oder minder ganz verschluckt. Vor allem der Wasserdampf und das Kohlendioxid in der Atmosphäre machen Probleme. Wer das Licht der Sterne genau untersuchen will, der muss sich daher über die Atmosphäre begeben – entweder im Ballon oder mit einem Satellit.

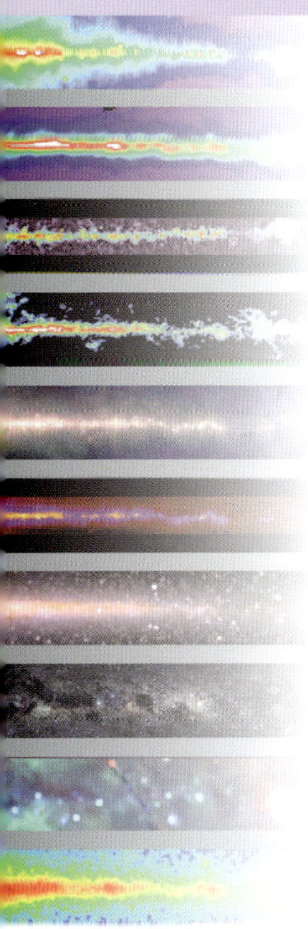

Infobox

Pannenhelfer für das Hubble-Weltraumteleskop

Wohl kein Satellit ist so oft repariert worden wie Hubble. Die Mission begann bereits mit einer Panne: Als das 1,5 Mrd. Dollar teure Teleskop in Betrieb genommen werden sollte, stellte sich heraus, dass der Spiegel falsch geschliffen worden war – und niemand hatte es vor dem Start bemerkt. Hubble lieferte daher unscharfe Bilder, und man musste 1993 eine erste große Reparatur-Aktion starten, bei der Astronauten in 35 Stunden Arbeit gleich auch noch eine Handvoll andere Teile austauschten. Es blieb nicht bei dieser ersten Reparatur: 1999 ging der Vorrat an Kühlmitteln für das Infrarot-Spektrometer zur Neige; Astronauten schraubten also eine alternative Kühlung an. Hubble hat inzwischen auch das dritte Paar Sonnensegel. Insgesamt fanden bereits fünf Reparaturaktionen statt!

Ein Weltraumteleskop für sichtbares Licht

Das wohl berühmteste Weltraumteleskop für sichtbares Licht und den nahen Infrarotbereich ist das Hubble Space Telescope. Im Prinzip ist es nichts anderes als ein Spiegelteleskop mit einem 2,4-m-Spiegel, das seit 1990 die Erde in etwa 640 km Abstand alle 96 Minuten einmal umkreist. Gyroskope stabilisieren es, sodass es in vorgegebene Richtungen blicken kann; dabei orientiert sich das Teleskop am Magnetfeld der Erde. Hubble hat eine Vielzahl von Kameras an Bord.

Entdeckungen durch Hubble

Hubble lieferte bisher eine ungeheure Fülle an Daten und Bildern: Mehr als 3500 wissenschaftliche Arbeiten befassen sich mit seinen Aufnahmen. Wissenschaftler können beantragen, dass das Teleskop auf einen Himmelsausschnitt gerichtet wird, der sie besonders interessiert. Doch von 1000 Wunschprojekten im Jahr werden nur etwa 200 durchgeführt. Spektakuläre Bilder lieferte der Sturz des Kometen Shoemaker-Levy 9 in den Jupiter im Juli 1994. Auch die Entdeckung eines Elektronenstroms, der aus der Umgebung um das Schwarze Loch im Zentrum der Galaxie M87 rast, wurde berühmt.

Auf dem Erdboden kann man sichtbares Licht und Mikrowellen ganz gut beobachten. Andere **Spektralbereiche** sind besser von Satelliten, Ballons oder Flugzeugen aus zu sehen.

Welches Licht dringt durch die Atmosphäre?

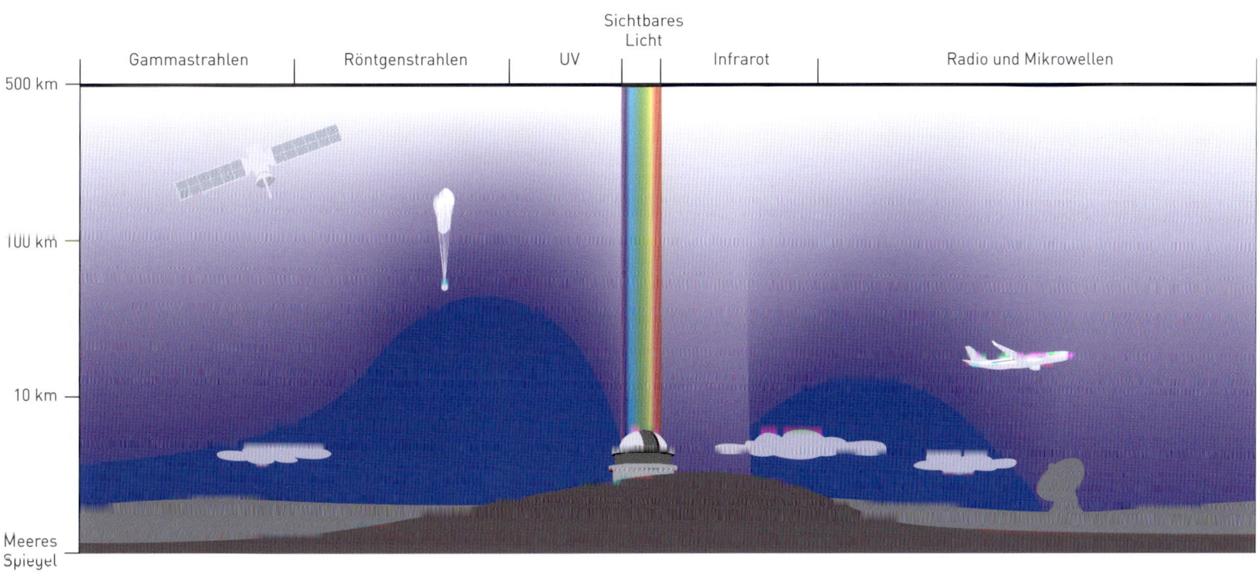

Das **James Webb Space Telescope** soll Infrarotlicht einfangen und so die Anfänge des Weltalls beobachten.

Weltraumteleskope II

Hubble ist für sichtbares Licht zuständig. Andere Weltraumteleskope kümmern sich um Infrarotstrahlung oder die extrem schwachen Lichtschwankungen, die Exoplaneten verraten.

Infrarot und Mikrowellen Wenn Sterne entstehen, vergehen oder sich schnell von uns wegbewegen, dann werden Infrarotkameras wichtig: Junge oder sehr alte Sterne glimmen nur schwach und rötlich. Und die Rotverschiebung sorgt dafür, dass das Licht der Sterne oder Galaxien, die sich von uns wegbewegen, rötlich wird. So wird das Funkeln der fernen Sonnen zu Wärmestrahlung, die etwas über ihre chemische Zusammensetzung, ihr Alter und die Geschwindigkeit verrät, mit der sie sich von uns wegbewegen.

Weltraumteleskope für Infrarotlicht Das Spitzer Space Telscope der NASA, und ehemals das japanische Weltraumteleskop Akari und das ESA-Teleskops Herschel sind für das Infrarotlicht schwach leuchtender Sterne und Nebel zuständig. Jenseits vom Infrarot-Licht beginnt die Mikrowellenstrahlung, die z. B. in den Projekten WMAP und Planck gemessen wird. Allen diesen Teleskopen ist gemeinsam, dass sie aufwändig gekühlt werden müssen – schließlich sollen sie die Wärmefotos durch eigene Wärme möglichst wenig stören. Diese Weltraumteleskope gehören so zu den kältesten Punkten im All!

Herschel Das ESA-Teleskop Herschel wurde im Mai 2009 ins All geschossen. Es kreiste um einem Punkt jenseits der sonnenabgewandten Seite des Mondes und nahm von dort aus mit einem 3,5-m-Spiegelteleskop das All ins Visier. Das seinerzeit größte Weltraum-Spiegelteleskop fotografierte von dort aus mit einer speziellen Infrarotkamera den schwach rötlich leuchtenden Staub im All, das Baumaterial der Sterne und Planeten. Und es half bei der Untersuchung der Geburt von Galaxien und der Analyse der Atmosphären von Sternen.

Das Teleskop **Herschel** untersuchte den Staub, aus dem Sonnen und Planeten entstehen.

„Malen nach Zahlen"

Weltraumteleskope wie Herschel, Spitzer oder Akari liefern auf der Erde rohe Informationen über die Mikrowellenstrahlung in einem bestimmten Bereich des Weltalls, überlagert von Störungen, z. B. durch die eigene Wärmestrahlung. Astronomen schreiben daher Computerprogramme, um diese Daten zu reinigen und in Bilder zu „übersetzen" – der Computer weist dabei u. a. bestimmten Helligkeiten Farben zu. Bei diesem „Malen nach Zahlen" entstehen oft beeindruckende Bilder, die mit Fotografien eigentlich nichts zu tun haben – auch wenn sie so aussehen!

Viele Weltraumteleskope suchen nach **Exoplaneten**, die vor einer fernen Sonne vorbeiziehen.

Infobox

Exoplaneten: die Zukunft

Was Exoplaneten betrifft, liegen noch weitere Pläne in den Schubladen. Wissenschaftler träumen u. a. von einem Pärchen aus einem Weltraumteleskop und einer Art Sonnenschirm: Der Sonnenschirm fliegt ein paar Hundert Kilometer vom eigentlichen Teleskop in dessen Sichtfeld und verdeckt dabei immer wieder Sterne, die eventuell benachbarte Planeten mit ihrem Licht überstrahlen. Durch das Verdecken der hellen Sterne sollen diese Exoplaneten sichtbar werden.

Das Weltraumteleskop **COROT** suchte Exoplaneten.

Suche nach Exoplaneten

Planeten außerhalb unseres Sonnensystems sind kaum zu entdecken, weil sie so schwache Lichtquellen darstellen. Deshalb wurden bereits mehrere Satelliten gestartet, die sich der Suche nach Exoplaneten widmen sollen. Das Weltraumteleskop COROT hatte beispielsweise ständig ein paar Tausend Sterne im Auge, von denen man vermutete, dass sie von Planeten umkreist werden. Verdächtige Kandidaten wurden permanent fotografiert, damit man nicht verpasste, wenn sich ein Planet vor den Stern schob und den Stern dabei ein bisschen abdunkelte

Im April 1991 wird das **Compton Gammastrahlen-Teleskop** vom Space Shuttle Atlantis im All ausgesetzt.

Weltraumteleskope III

Hochenergetische Strahlung wie Röntgenlicht oder Gammastrahlung entsteht bei Mega-Crashs unter Sternen oder Sternexplosionen. Auch um solche Ereignisse zu beobachten, braucht man Weltraumteleskope.

Gammalicht aus WIMPs

Dunkle Materie ist eines der größten Rätsel der modernen Astronomie. Seit Jahren mühen sich Theoretiker ab, beobachtbare Eigenschaften dieser Materieform zu finden. Manche glauben, Dunkle Materie bestehe aus „WIMPs" – *weakly interacting massive particles*, also Teilchen, die eine Masse haben, aber kaum Kräfte auf andere Materie ausüben. WIMPs können sich aber sehr selten vereinigen, glauben die Theoretiker. Dann blitzt angeblich ein Gammastrahl auf, und den hofft man mit Röntgenteleskopen zu sehen.

Das All im Röntgenlicht

Wenn beim Arzt ein Röntgengerät eingeschaltet wird, dann werden Elektronen auf Metall geschossen. Das Metall bremst sie, und dabei strahlen sie Röntgenlicht ab – das Licht ist, bildlich gesprochen, das „Quietschen der Reifen" beim Bremsen. Ganz ähnlich sendet Materie im All, die z. B. im Kreis um ein Schwarzes Loch rast, Röntgen- und Gammastrahlung aus: Auch dabei beginnen „die Reifen zu quietschen". Die Erdatmosphäre schirmt uns von diesem Licht ab, doch von Röntgensatelliten aus ist es sichtbar.

Infobox

Ein dickes Gamma-Teleskop

Das Compton Gamma Ray Telescope war ein Weltraumteleskop für Gammastrahlung – und ein besonders schwerer Brocken: Das Teleskop wog 17 t, und ist damit der schwerste Satellit, der je ins All geschickt wurde. Compton trug vier Detektoren für Gammastrahlen und erstellte damit u. a. eine Gamma-Landkarte des Weltalls und der Milchstraße. Das Teleskop wies dabei Regionen nach, in denen sich besonders viel radioaktives Aluminium befindet – warum, ist noch unbekannt. Compton wurde 1991 gestartet, doch im Jahr 2000 versagten Teile der automatischen Steuerung des Teleskops. Man entschied sich, es kontrolliert in den Pazifik abstürzen zu lassen.

Chandra und XMM-Newton

Chandra und XMM-Newton sind zwei Weltraumteleskope, die mit komplizierten Spiegelsystemen Röntgenlicht einfangen. Sie wurden 1999 auf sehr weite Bahnen oberhalb des Strahlungsgürtels der Erde geschickt. XMM-Newton ist ein Projekt der ESA und endete 2016; Chandra ist die entsprechende Mission der NASA.

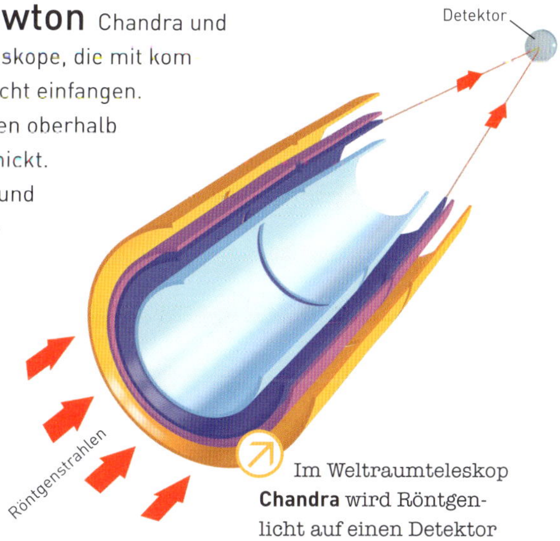

Im Weltraumteleskop **Chandra** wird Röntgenlicht auf einen Detektor gelenkt.

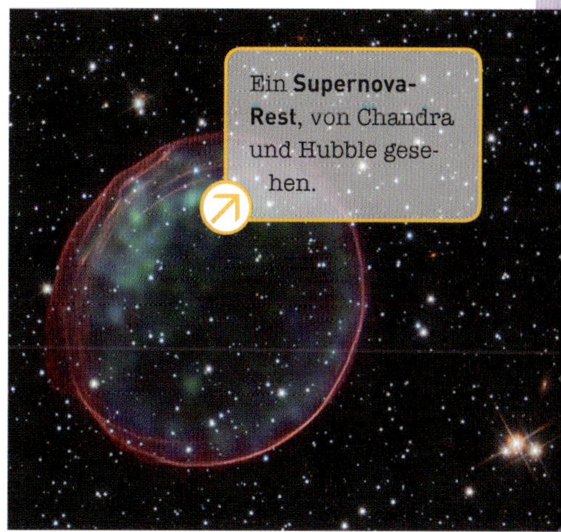

Ein **Supernova-Rest**, von Chandra und Hubble gesehen.

Neutronensterne

Mit XMM-Newton hat man u. a. beobachtet, wie Neutronensterne das Licht in ihrer Umgebung verändern – und dabei gelernt, dass Neutronensterne zwar ungeheuer dichte Materie enthalten, aber keine exotische Dunkle Materie oder Ähnliches. Weil Wissenschaftler vermuten, dass die Materie kurz nach dem Urknall ähnlich wie das Innere von Neutronensternen aussah, sind diese Informationen spannend für Theorien vom Anfang des Alls.

Das Teleskop **HESS** beobachtet die kosmische Höhenstrahlung.

Galaxien, die sich durchdringen

Chandra beobachtete auch Galaxien, die sich gegenseitig durchdringen. Dabei werden ungeheure Mengen Materie verschoben, und während diese Materiemassen ineinander stürzen, senden sie Röntgenlicht aus. Das Licht verrät wiederum, aus welchen Elementen die Galaxien bestehen – und man lernt dabei möglicherweise auch etwas über die mysteriöse Dunkle Materie, die vermutlich dazwischen gemischt ist.

Infobox

Kosmische Höhenstrahlung

Nicht nur Röntgenlicht, auch Gammastrahlung wird von der Atmosphäre verschluckt. Dabei hat Gammastrahlung, die z. B. bei einer Supernova entsteht, oft extrem hohe Energie, mehr als die größte Teilchenbeschleuniger der Erde erzeugen können! Doch man kann die Strahlung auf der Erde indirekt beobachten: Wenn Gammalicht an Sauerstoff und Stickstoff vorbeikommt, bilden sich Schauer aus Milliarden von Teilchen. Wie ein Flugzeug, das die Schallmauer durchbricht und einen Überschallknall hervorruft, erzeugen diese Teilchenschauer bläuliche Lichtblitze (Cherenkow-Strahlung). Und die kann man tatsächlich sehen: von Ballons aus oder mit speziellen Teleskopen auf der Erde.

Das Satellitendreieck eLISA soll in Zukunft **Gravitationswellen** im All nachweisen.

Gravitationswellen

Wenn sich große Massen im All bewegen oder sogar miteinander verschmelzen, dann soll der Allgemeinen Relativitätstheorie zufolge der Raum Wellen schlagen. Der erste Nachweis von Gravitationswellen gelang 2015 dem LIGO-Observatorium.

Wie groß sind die Wellen? Unglaublich klein: Eine Strecke von der Länge der Entfernung Erde–Mond wird wohl um weniger als ein Milliardstel der Dicke eines menschlichen Haares gestaucht und gestreckt, und das nur eine Tausendstel Sekunde lang. Das macht den Nachweis ganz schön schwer. Erst seit den 1990er-Jahren ist die Technik so weit, dass der Bau von Gravitationswellendetektoren möglich ist.

Wie findet man Gravitationswellen?

Das Kernstück eines Gravitationswellendetektors (s. Illustration) ist ein Laser. Sein Licht wird durch einen halbdurchlässigen Spiegel (Strahlteiler) geschickt. Hier wird das Licht in zwei Strahlen aufgeteilt, die senkrecht aufeinander stehen. Beide Strahlen laufen bis zu Spiegeln, werden reflektiert, kehren zurück, vereinigen sich wieder und landen im eigentlichen Detektor. Sind die Laser-Lichtstrahlen exakt gleich lang, dann verstärken sie sich im Detektor; wenn die Lichtwellen um einen Wellenberg verschoben sind, dann löschen sie sich aus. Man sagt, sie „interferieren" und nennt das Instrument daher ein „Laser-Interferometer". Wenn Interferenzen auftreten, dann könnten Gravitationswellen die Ursache sein.

Lineale aus Licht Die Theorie sagt, dass Gravitationswellen den Raum stauchen und strecken. Mit einem gewöhnlichen Lineal kann man so etwas aber nicht messen: Die Längenänderungen sind zu klein, und das Lineal würde ebenfalls gestaucht und gestreckt. Physiker nehmen daher Lineale aus Licht: Sie versuchen weltweit mit fünf Laser-Experimenten nachzuweisen, dass der Weg eines Laserstrahls etwas länger oder kürzer wird, wenn eine Gravitationswelle an der Erde vorbeikommt.

Gravitationswellen messen

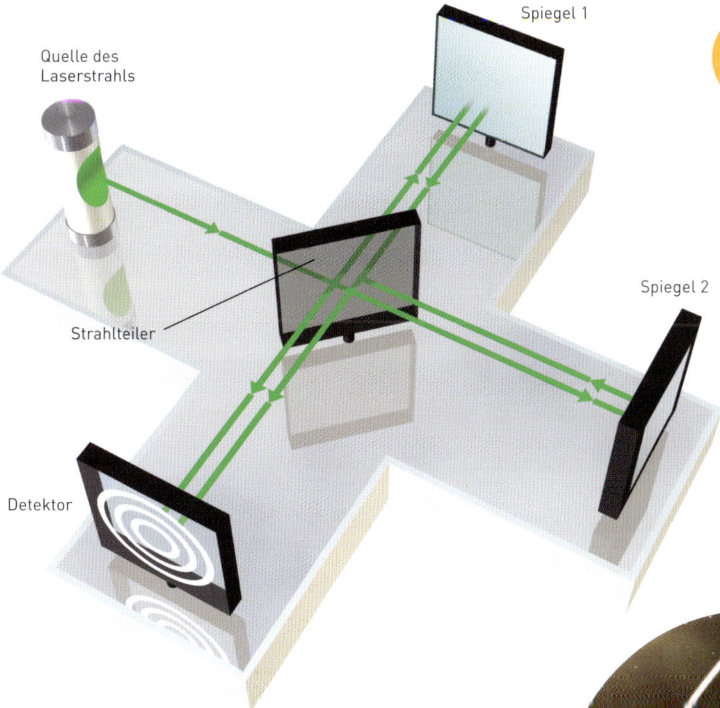

Aktivbox

Einstein@Home

Das brauchst du: einen Computer mit Internetanschluss.

Aus den Datenbergen, die die Detektoren liefern, müssen die interessanten Veränderungen herausgefiltert werden. Das erfordert gigantische Rechenleistungen. Vor einigen Jahren hatten daher Wissenschaftler eine Idee: Wenn viele Menschen ihre PCs in Arbeitspausen zur Verfügung stellen, dann können diese Rechner zusammen mehr leisten als ein teurer Großrechner. Sie schrieben eine Bildschirmschoner-Anwendung namens „Boinc". Die wird im Projekt Einstein@Home (einstein.phys.uwm.edu) heute auch dazu genutzt, Gravitationswellen zu entdecken. Und sicher wird der User, dessen PC die erste Gravitationswelle entdeckt, zur Berühmtheit!

Hauptfeind Rauschen

Ein Gravitationswellendetektor registriert auch Veränderungen, ohne dass eine Gravitationswelle durch das Instrument gewandert wäre. Denn der Laser, der Detektor und die Technik dazwischen erzeugen eine Art „Rauschen", weil sich die Atome in der ganzen Anlage ständig bewegen. Zudem bebt manchmal auch die Erde. Um die Störungen in den Messdaten zu verringern, werden Teile der Anlage luftleer gepumpt, gekühlt und in trickreichen Aufhängungen gelagert. Obendrein misst man alle Störungen (Erdschwingungen, Wind und Wetter), um die Messdaten hinterher bereinigen zu können. Jedes Gravitationswellen-Experiment erzeugt so pro Tag bis zu 100 Gigabyte Daten!

Einer der **eLISA**-Satelliten.

eLISA

Im Weltraum hat man Platz und wird nicht durch Erdbeben gestört. Astronomen planen daher sogar einen Gravitationsdetektor im All. Das Prinzip ist ähnlich wie bei irdischen Interferometern: eLISA soll aus drei Satelliten bestehen, die einen Laserstrahl durch den Raum schicken und dann wieder mit sich selbst überlagern.

LIGO, das größte irdische Gravitationswellenexperiment, steht in den USA.

Infobox

Interferometrie: Eine alte Idee

Die Physiker Albert Michelson (1852–1931) und Edward Morley (1838–1923) benutzten bereits im 19. Jh. ein Interferometer, um nach dem geheimnisvollen „Äther" zu suchen – Wissenschaftler vermuteten damals, dass sich Licht nur in einem Medium ausbreiten könne und „erfanden" deshalb den Äther. Da Michelson und Morley aber noch kein Laserlicht kannten, war der Versuch viel zu ungenau!

Albert Michelson

Mit seinen 66 Präzisionsantennen ist **ALMA** das größte Radioteleskop der Welt.

Radioteleskope

Die Radioastronomie ist etwa 100 Jahre alt – und immer noch eines der fruchtbarsten Forschungsgebiete der Astronomie.

Der Anfang der Radioteleskopie

Zu den ältesten Radioteleskopen gehört das „Hörrohr" von Arno Penzias und Robert Wilson aus den 1960er-Jahren, mit dem die kosmische Hintergrundstrahlung entdeckt wurde. Eine der ersten Entdeckungen der Radioteleskopie war die Strahlung aus dem Zentrum unserer Galaxis. Heute ist klar: Es war die Umgebung des dortigen Schwarzen Loches, die die Astronomen beobachtet hatten. Im sichtbaren Licht ist sie nicht zu sehen, weil sie hinter einer Dunkelwolke steckt – doch Radiowellen verrieten die Stelle, an der Materie in das Schwarze Loch rast.

Was ist ein Radioteleskop? Jedes Radioteleskop enthält als Empfänger für Radiowellen eine Antenne, die eigentlich nicht anders arbeitet als die Antenne eines Radio- oder Fernsehempfängers. Doch die Radioquellen im All sind viel schwächer und werden obendrein durch Quellen auf der Erde und die Atmosphäre gestört. Daher hängt man die Antenne meistens über eine „Schüssel" aus Metall, Drahtgitter oder Beton, die in Richtung Weltall ausgerichtet wird. Die Radiowellen fallen in die Schüssel ein – und werden von der Wand der Schüssel auf die Antenne geworfen.

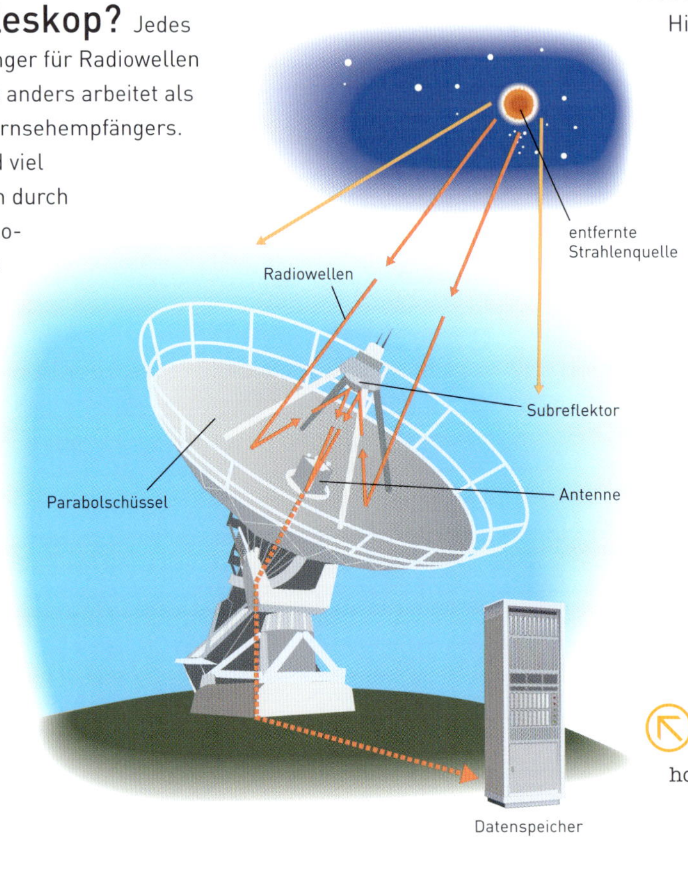

Radioteleskope sind eigentlich nur hochempfindliche Radioempfänger.

Arecibo Im Kalkgebiet Puerto Ricos gibt es eine ganze Menge Dolinen, d. h. Höhlen, deren Decken irgendwann eingebrochen sind. Eine solche Grube bei Arecibo nutzen Astronomen seit Anfang der 1960er-Jahre. Sie glätteten den Boden und schufen so eine gigantische Betonschüssel von 305 m Durchmesser. Darüber wurde eine Empfangsantenne gehängt – fertig war das damals größte Einzel-Radioteleskop der Welt. Ursprünglich sollte es nur für Radaruntersuchungen der Atmosphäre dienen, doch heute werden damit alle möglichen Radioquellen im All erforscht. Übertroffen wird es nun vom chinesischen FAST-Observatorium mit über 500 m Durchmesser.

Mit über 300 m Durchmesser war das **Arecibo-Radioteleskop** das größte seiner Art.

ALMA Die Atacama-Hochwüste in den chilenischen Anden gehört zu den trockensten Gebieten der Erde. Mitten in dieser Dürrelandschaft sprießen 66 Radioteleskop-Schüsseln wie Pilze in die Höhe. Sie bilden ALMA, das „Atacama Large Millimeter/Submillimeter Array“. Sein Empfangsbereich liegt im Radiobereich zwischen Infrarot- und Mikrowellenstrahlung, also im Lichtspektrum extrem dunkler Sterne oder schwach leuchtender Nebel. Die einzelnen Teleskope von ALMA können zusammengeschaltet werden und so eine viel bessere Auflösung als die größten Einzel-Radioteleskopschüsseln auf der Erde bieten.

LOFAR Ein anderes Radioteleskop steht in Europa. Obwohl es gewaltige Ausmaße hat, ist es kaum zu sehen: In der Nähe einiger astronomischer Forschungsinstitute in den Niederlanden, Deutschland, Schweden, Großbritannien oder Frankreich stehen ein paar schwarze Kisten in der Landschaft: Radioantennen. Deren Daten laufen in einer Zentrale in den Niederlanden zusammen. Weil die einzelnen Teleskope aus unterschiedlichen Richtungen ins All „horchen“, kann man aus dem Vergleich der Informationen, die sie liefern, genau errechnen, aus welcher Richtung sie kommen.

Die Antennen von **LOFAR** sehen aus wie schwarze Kisten.

Infobox

Radioquellen orten

Wenn man einen Stern sieht, dann kann man ihn einfach anpeilen. Viel schwieriger ist dies bei Radioquellen: Die sind schwerer zu orten, weil Radioteleskope fast wie die Antenne eines Radiogerätes Wellen aus vielen Richtungen empfangen. Doch wenn man die Daten mehrerer Teleskope vergleicht, dann kann man feststellen, dass ein Teleskop eine Quelle z. B. etwas „lauter“ hört als die anderen. So kann man die Richtung berechnen, aus der die Signale kamen. Auf diesem Trick basieren die Arrays ALMA und LOFAR.

Das **Very Large Telescope** der ESO steht in Chile.

Optische Teleskope

Es gibt ihn noch: den Astronomen, der mit dem Spiegelteleskop im Garten Entdeckungen am Himmel macht – trotz der Riesenteleskope, die es auf der Erde gibt.

Adaptive Optik Astronomen bauen heute Teleskope mit über 10 m Spiegeldurchmesser. Um die optischen Probleme zu mindern, setzt man den Spiegel aus vielen kleinen zusammen. Sie werden zudem in Halterungen gesetzt, die die Spiegel etwas verbiegen können. Ein Computer analysiert ständig das Bild und registriert darin Fehler. Dann biegt er die Spiegel blitzschnell mehrere 100-mal in der Sekunde so zurecht, dass das Bild wieder stimmt (s. Illustration unten). Erst in den 1990er-Jahren waren Computer schnell genug für diese „adaptiven Optiken".

Riesenteleskope mit Riesenproblemen Je größer Spiegel und Öffnung eines Spiegelteleskops sind, desto mehr Licht kann es einfangen. Das bedeutet: Man kann damit schwächere Sterne sehen und näher beieinander stehende Sterne unterscheiden. Doch größere Spiegel bedeuten auch größere technische Probleme. Das schwere Glas des Spiegels beginnt sich unter dem eigenen Gewicht zu verschieben und zu biegen. Die Folge: Das Bild wird verzerrt. Dazu kommt, dass feinste Luftströmungen durch warme oder kalte Luft das Bild flackern und wabern lassen; statt einem Stern sieht man dann viele tanzende Bilder des Sternes nebeneinander.

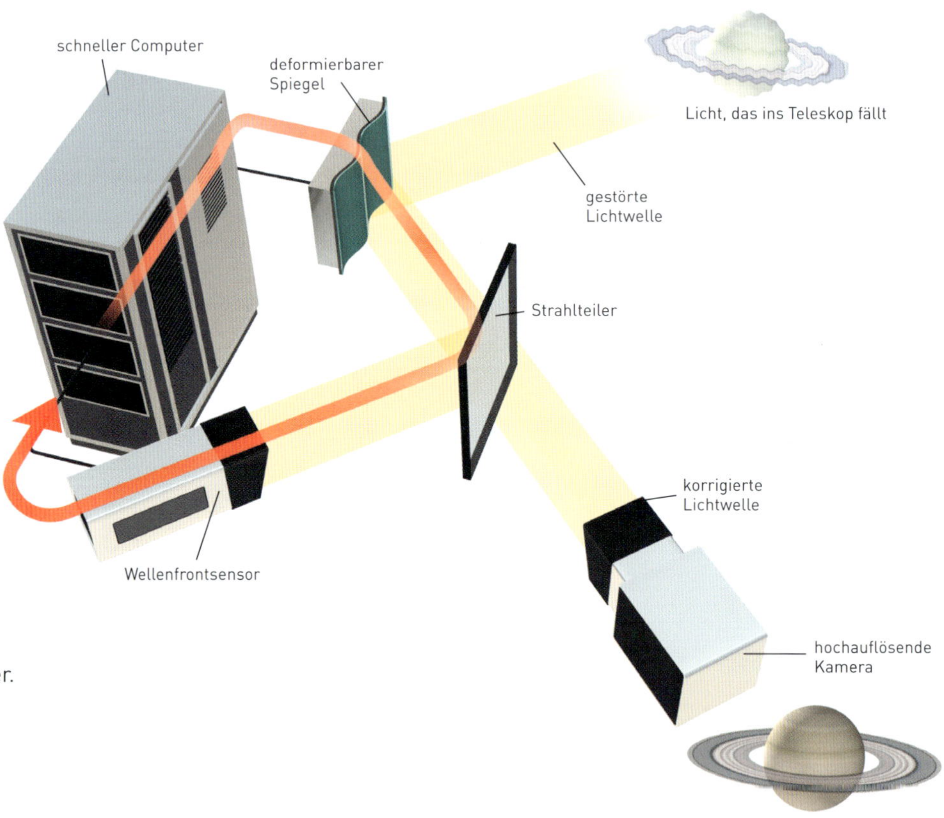

Hinter den roten Rahmen liegen die beiden Spiegel des **LBT**.

Optische Arrays

Wie bei Radio- und anderen Teleskopen stellt man heute oft mehrere kleinere optische Teleskope statt einem einzelnen Riesenteleskop auf. Die Bilder der Teleskope werden im Computer zusammengeführt – und so arbeiten die kleineren Teleskope wie ein einziges großes Teleskop. Diese Teleskop-Gruppen nennt man „Array".

Die größten Teleskope der Erde

Eines der größten Teleskope auf der Südhalbkugel steht in Südafrika: Das Southern African Large Telescope (SALT) hat einen 10-m-Spiegel, der aus 91 sechseckigen Elementen besteht. Es steht – wie viele Großteleskope – in einer Halbwüste im Landesinneren. Gewaltig sind auch die Keck-Teleskop-Zwillinge auf dem Mauna Kea auf Hawaii, mit ihren 10-m-Spiegeln. Das Innere dieser Teleskope wird stets auf fast 0 °C gehalten, damit die Spiegel immer die gleiche Temperatur haben. Ein weiteres Großteleskop steht auf den Kanaren: das Gran Telescopio Canarias, ein Einzelteleskop mit einem 10,4-m-Spiegel.

Vom **VLT** aus wird Laserlicht in den Himmel geschickt, um atmosphärische Störungen zu erkennen.

Large Binocular Telescope (LBT)

Das LBT war eine echte Neuheit, als es eingeweiht wurde: Ein Spiegelteleskop, das wie ein riesiges Fernglas mit zwei „Augen" ins All blickte. Anders als bei Arrays wie dem VLT sind im Large Binocular Telescope die beiden 8,4-m-Spiegel in einem gemeinsamen Rahmen montiert und bewegen sich synchron. Zusammen geben sie dem Teleskop die Auflösung eines 11-m-Spiegelteleskops.

Very Large Telescope (VLT)

Ein kleines Array aus vier 8,4-m-Spiegelteleskopen ist das VLT in Chile, das Teil der Europäischen Südsternwarte (ESO) ist. Sie stehen in 2600 m Höhe in einer der trockensten Wüsten der Erde, auf einem der besten Beobachtungsplätzen der Welt. Zusammengeschaltet wirken die Teleskope wie ein Teleskop mit einem 16-m-Spiegel!

Infobox

Asteroidenjäger

Trotz der Giganten haben kleine Teleskope noch lange nicht ausgedient. Während die Großen weit ins All blicken können, werden kleine Teleskope in der Regel von Laien für Objekte im Sonnensystem genutzt – z. B. von Hobbyastronomen, die es sich zum Ziel gesetzt haben, neue Asteroiden oder Kometen zu entdecken. Einer der führenden Asteroidenjäger ist der Japaner Tsutomu Seki: Er hat bereits 225 Asteroiden und Kometen mit einem 60-cm-Spiegelteleskop „erwischt"!

Der kosmische Mikrowellenhintergrund

Die kosmische Hintergrundstrahlung im Mikrowellenbereich gilt als der wichtigste Beleg dafür, dass die Urknalltheorie stimmt. Nachgewiesen wurde sie in den 1960er-Jahren – durch Zufall.

Ein von **IRAS** aufgenommenes Infrarotbild der Milchstraße.

Was ist der Mikrowellenhintergrund?

Astronomen schätzen, dass etwa 500 000 Jahre nach dem Urknall das All durchsichtig wurde. Licht, das damals überall entstand, breitete sich in alle Richtungen aus. Doch zugleich dehnte sich der Weltraum aus, und zwar rasant. Licht, das weit weg von der Stelle entstand, an der sich später die Erde bilden sollte, erreicht uns daher erst heute – Milliarden Jahre nach seiner Entstehung! Durch die Ausdehnung des Raumes ist es obendrein extrem rotverschoben, bis in den Mikrowellenbereich. So sehen wir heute das Licht, das nach dem Urknall entstand, als ein sehr schwaches Glimmen – den Mikrowellenhintergrund.

Arno **Penzias** (links) und Robert **Wilson**.

Entdeckung

1962 testeten die beiden Physiker Arno Penzias (geb. 1933) und Robert Wilson (geb. 1936) eine Radioantenne, die eigentlich zu anderen Zwecken konstruiert worden war. Doch die Antenne – sie sah aus wie ein riesiges Hörrohr – schien nicht zu funktionieren: Sie rauschte. Die beiden hatten zunächst die Tauben im Verdacht, die sich gern auf dem Instrument niederließen. Mühevoll fingen sie die Vögel weg und putzten die Antenne immer wieder, doch das Rauschen blieb. Erst allmählich wurde den beiden Physikern klar, dass sie das Echo des Urknalls hörten.

Die Geschichte des Universums

Als das Universum **durchsichtig** wurde, bildete sich der Mikrowellenhintergrund, den wir heute sehen.

Erforschung

Zunächst erforschte man den Mikrowellenhintergrund mit Radioteleskopen von der Erde aus. Dabei entdeckte man Hinweise auf Unregelmäßigkeiten: Das All glimmt offenbar an einigen Stellen des Himmels etwas mehr und an anderen etwas weniger. Doch von der Erde aus können Wolken und Atmosphäre den „Empfang" der Radiostrahlung stören und eine genauere Untersuchung der Mikrowellenstrahlung und ihrer Unregelmäßigkeiten unmöglich machen. Daher wurden schließlich mehrere Satelliten gestartet: Radioteleskope für das Weltall.

Infobox

Radioteleskope im All

Den Anfang machte das Weltraum-Radioteleskop IRAS (Infrarot Astronomical Satellite), das 1983 in eine Erdumlaufbahn geschossen wurde. Die wichtigsten Instrumente an Bord von IRAS waren 62 Infrarot-Detektoren, die mit flüssigem Helium gekühlt wurden. IRAS suchte damit fast den ganzen Himmel nach Infrarotstrahlung ab. In den folgenden Jahrzehnten folgte eine Handvoll weiterer Satelliten.

Die Wilkinson Microwave Anisotropy Probe (WMAP)

Berühmt wurde das Weltraumteleskop WMAP, das 2001 zur Untersuchung der kosmischen Hintergrundstrahlung startete. Es kartierte den Weltraum in bisher unerreichter Genauigkeit und stand dabei in immer gleichem Abstand zu Erde und Sonne. Die Daten, die die Mikrowellendetektoren an Bord lieferten, begeisterten sogar die Medien. WMAP schoss zusammen mit dem Mikrowellenhintergrund auch „Fotos" von der Materieverteilung in der Anfangszeit des Weltalls. Aus diesen Bildern konnten die Astronomen sehr viele Informationen gewinnen: Sie folgerten daraus z. B., dass das Weltall 13,73 Mrd. Jahre alt sein muss und dass die sichtbare, „normale" Materie, wie wir sie auf der Erde kennen, nur etwa 4 % des Weltalls ausmacht. Weil Neutrinos Spuren im Mikrowellenbild hinterlassen, konnten sie sogar Aussagen über die Menge an Neutrinos im All machen. Und WMAP bestärkte die Astronomen zudem in der Theorie, dass 96 % des Weltalls aus der geheimnisvollen Dunklen Materie sowie Dunkler Energie bestehen.

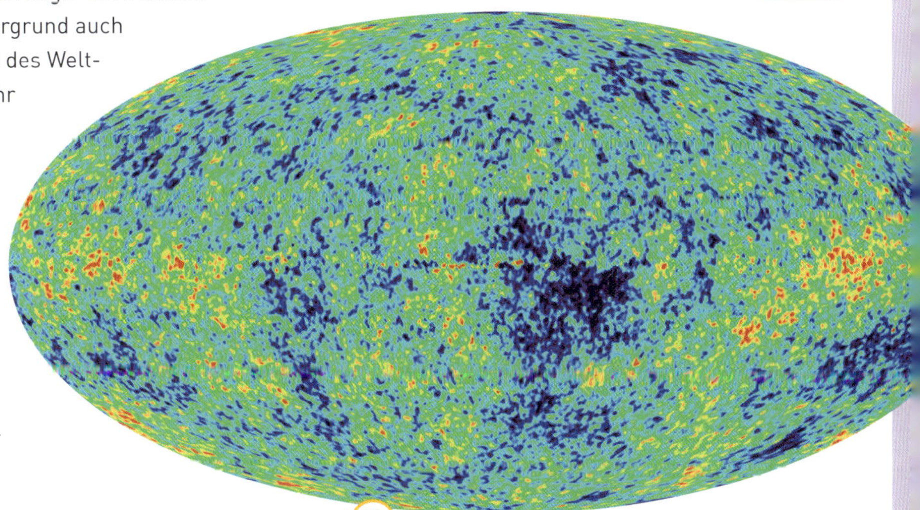

Eine WMAP-Aufnahme des **Mikrowellenhintergrunds**.

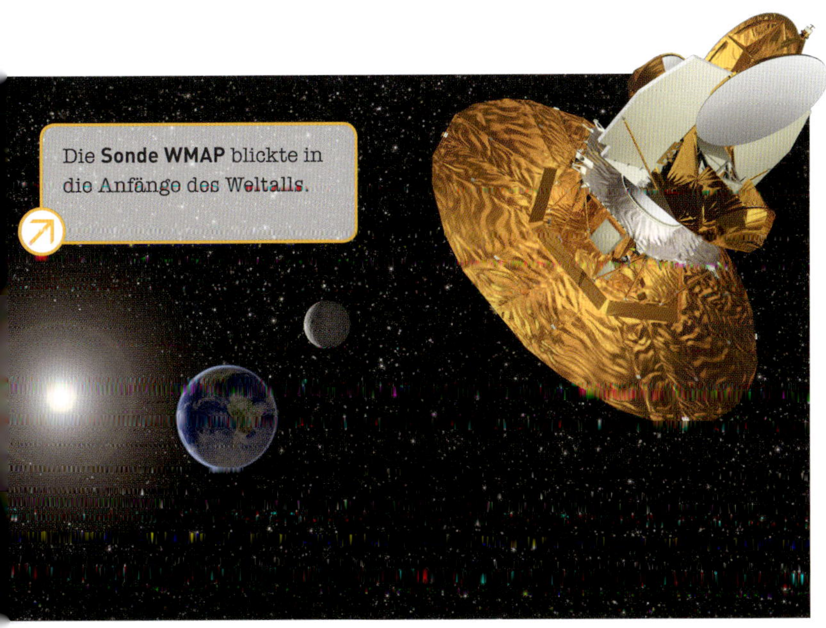

Die **Sonde WMAP** blickte in die Anfänge des Weltalls.

Aktivbox

Entdecke das Rauschen im All

Das brauchst du: ein Radiogerät oder einen Fernseher.

Schalte den Fernseher oder das Radiogerät ein und stelle es so ein, dass kein Sender zu empfangen ist. Das Gerät rauscht, und der Fernseher zeigt zusätzlich „Schnee". Für einen Teil dieses Rauschens ist die kosmische Hintergrundstrahlung verantwortlich – Licht aus der Anfangszeit des Weltalls.

Quizfragen

1

Welches der folgenden Teleskope ist ein
a) Radioteleskop-Array und welches ist ein
b) Spiegelteleskop-Array?

1) ALMA
2) LBT
3) VLT
4) Einsteinturm in Potsdam

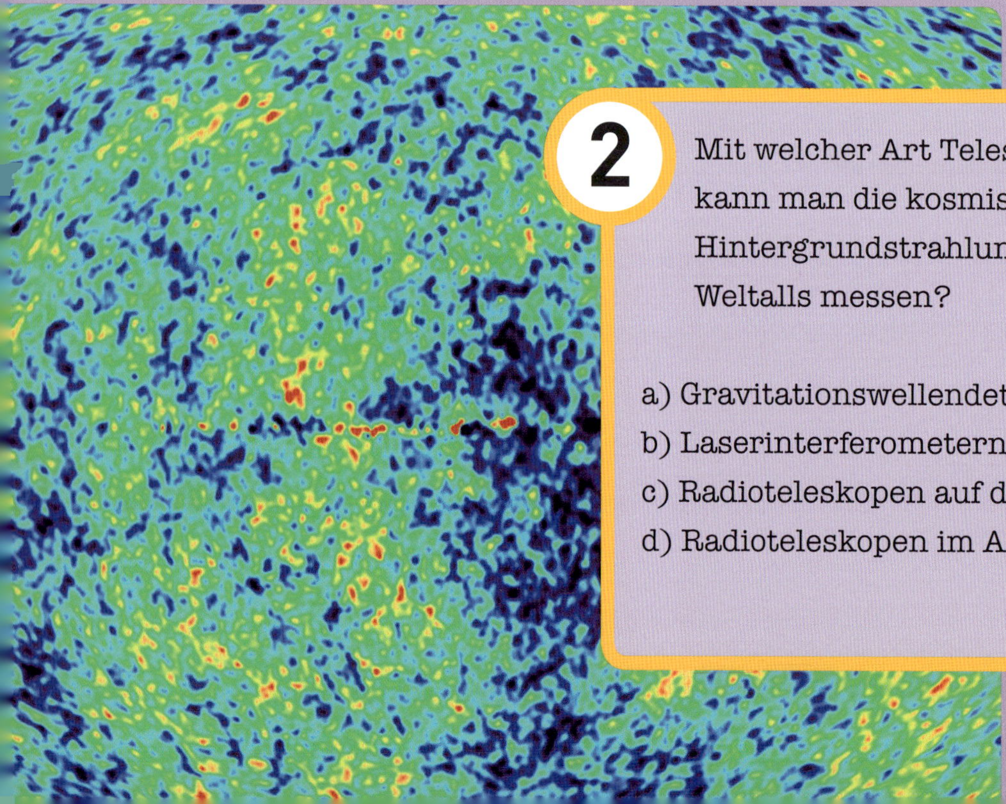

2

Mit welcher Art Teleskop kann man die kosmische Hintergrundstrahlung des Weltalls messen?

a) Gravitationswellendetektoren
b) Laserinterferometern
c) Radioteleskopen auf der Erde
d) Radioteleskopen im All

3 Wo befinden bzw. befanden sich die folgenden Teleskope? a) Gravitationswellendetektor LIGO, b) Herschel, c) Hubble, d) Chandra

1) kreiste um einen Punkt jenseits der sonnenabgewandten Seite des Erdmonds
2) kreist nahe um die Erde
3) kreist auf einer sehr weit entfernten Erdumlaufbahn oberhalb des Strahlungsgürtels der Erde
4) steht in den USA

4 Warum lassen sich Gravitationswellen nur so schwer nachweisen?

a) Weil sie von der Mikrowellenstrahlung überdeckt werden.
b) Weil ihre Auswirkungen, die Dehnung und Stauchung des Raums, kaum messbar sind.
c) Weil die Sonne die Auswirkungen der Wellen abschirmt.

5 Was halten Astronomen für einen Hinweis auf die geheimnisvolle Dunkle Materie?

a) Gammastrahlenblitze, die von Röntgenteleskopen aufgezeichnet werden
b) Rauschen bei Radioteleskopen
c) bläuliche Lichtblitze

Register

Lösungen der Quizfragen

Das Universum, Seite 24:
1. a) und e); b) und d); c) und f)
2. d)
3. c)
4. a)
5. b)

Das Sonnensystem, Seite 56:
1. c)
2. b)
3. a)
4. b)
5. c), b), a), d)

Geschichte der Astronomie, Seite 70:
1. b)
2. a), b) und d)
3. a) und c); b) und d)
4. a) und 4); b) und 2); c) und 1); d) und 3)
5. b)

Bemannte Raumfahrt, Seite 88:
1. a) und 3); b) und 5); c) und 4); d) und 2); e) und 6); f) und 1)
2. c)
3. c) und b)
4. c)
5. b)

Das Sonnensystem erkunden, Seite 108:
1. a) und 5); b) und 1); c) und 4); d) und 2); e) und 3)
2. a)
3. d)
4. b)
5. b)

Die Tiefen des Alls, Seite 124:
1. a) 1) und ; b) 3)
2. c) und d)
3. a) und 4); b) und 1); c) und 2); d) und 3)
4. b)
5. a)

Bildnachweis

Fotos

AEI: MildeMarketing/Exozet 117 o.
AIP: R. Arlt 94 o.
Marc-Andre Besel and Wiphu Rujopakam: 121 o.
BGR: 104 u.
CNES: D. Ducros 113 u.
EADS-Astrium: 91 u., 108 u.
ESA: DLR/FU Berlin/G. Neukum et al. 34, image by AOES Medialab 55 o., Anneke Le Floc´h 87 o., DLR/FU Berlin/G. Neukum et al. 98 o., D. Ducros 112 u., C. Carreau 113 o., 116
ESO: 54/55, 57 o., 120, Y. Beletsky 121 u.
Fotolia, New York: romy mitterlechner 6 o., Reinhard Marscha 6 u., aarnet 7 u., Lovrencg 8/9, aarnet 24 o., moritz 91 M.
A. Fujii: 15 o.
Gary A. Glatzmaier: (UCSC) 27
GFZ Deutsches GeoForschungsZentrum, Potsdam: 26 M., 90, Achim Helm 91 o.
H.E.S.S.: 115 u.
Interfoto, München: Science & Society 15 u., National Maritime Museum, London 18 o., JTB Photo 32, Mary Evans Picture Library 35 u., PHOTOAISA 37 o., IMAGNO 59 o., National Maritime Museum, London 62 o., Sammlung Rauch 63 u., Science & Society 64 u., Bildarchiv Hansmann 68 u., Sammlung Rauch 71 u.
IPAC: Caltech/JPL 122 l. (IPAC is NASA´s Infrared Astrophysics Data Center)
JAXA: 105 o.
LIGO, California Institute of Technology: 116/117
Lunar and Planetary Institute: 37 u.
Luxorion: Thierry Lombry 65 o.
David Malin: UK Schmidt Telescope, DSS, AAO 9 r.
mauritius images, Mittenwald: Photo Researchers 7 o., Alamy 8, Photo Researchers 9 l., Detlev van Ravenswaay 10, Alamy 28 o., Photo Researchers 28/29 u., Alamy 44, Photo Researchers 54, Flirt 57 u., United Archives 59 u., age 60, United Archives 70 u., Detlev van Ravenswaay 72 o., United Archives 73 o. und 88 o. , Alamy 118 o. und 124 o.
Max-Planck-Institut für Gravitationsphysik (Albert-Einstein-Institut) & Leibniz Universität Hannover: H. Lück 61 o.
Max-Planck-Institut für Sonnensystemforschung, Katlenburg-Lindau: Dr. Peter Barthol 67
Don P. Mitchell: 103
MSAM: TopHat 66 l.
NAIC - Arecibo Observatory: a facility of the NSF 119 o.
NASA: Compton Gamma Ray Observatory Science Support Center 6, The Hubble Heritage Team (STScI/AURA) 17 u., G. Bacon (STScI) 20 u., GSFC/METI/ERSDAC/JAROS and U.S./Japan ASTER Science Team 26 u., Goddard Space Flight Center/Reto Stöckli, Robert Simmon 28 u., Steele Hill 28/29 o., 30, Goddard Space Flight Center Scientific Visualization Studio 31 o., 33 o., Johns Hopkins University Applied Physics Laboratory/Carnegie Institution of Washington 35 o., 40, 45 u., 46, 47, Johns Hopkins University Applied Physics Laboratory/Southwest Research Institute/Goddard Space Flight Center 51 l., FUSE/Lynette Cook 52 o., ARCADE/Roen Kelly 66 r., 72 u., 73 u., 74, 75, James McDivitt 76, 77 l. und r., 78 o. und u. r., 79, 80, 81, 82, 83, 84, 85, 86, 87 u., 88 u. 89, Ames Research Center 92 o., 92 u., 93, 95, 96 u., 97 o. und u., 99, Genesis Mission 105 u., 108 o., 109 o., 110, Dr. Seth Digel and Mr. Jay Friedlander 110/111, MSFC/David Higginbotham/Emmet Given 112 o., Compton Gamma Ray Observatory Science Support Center 114, NASA/WMAP Science Team 123 und 124 u., 125 o.
NASA/CXC: CfA/M.Markevitch, NASA/STScI, Magellan/U.Arizona/D. Clowe, ESO WFI 11 M.; MIT/F. Baganoff, R. Shcherbakov et al. 22 u.; M. Weiss 23; SAO/J. Hughes et al., NASA/ESA/Hubble Heritage Team (STScI/AURA) 115 o. und 125 u.
NASA/ESA: R. Sankrit & W. Blair (Johns Hopkins University) 12; The Hubble Heritage Team (STScI/AURA)-ESA/Hubble Collaboration 16; SAO, CXC, JPL-Caltech and STScI 17 o.; G. Bacon (STScI) 20 o. und 42 u.; J. Parker (Southwest Research Institute), P. Thomas (Cornell University), L. McFadden (University of Maryland, College Park) and M. Mutchler and Z. Levay (STScI) 43 u.; G. Bacon (STScI) 56 u.; STScI, J. Hester and P. Scowen (Arizona State University) 64 o.; JPL/Arizona State University 68 o.; The Hubble Heritage Team (STScI/AURA), J. Bell (Cornell University) and M. Wolff (Space Science Institute) 97 M.
NASA/JPL-Caltech: R. Hurt (SSC) 13 und 14, 18/19 o., T. Pyle (SSC) 21, 22 o., 24/25, T. Pyle (SSC) 25, 36 u., ASU 37 M., 38, ASI/University of Arizona 39, STScI 41 o., 41 u., T. Pyle (SSC) 42 o., 43 o., University of Arizona 45 o., 48, USGS 49, University of Arizona 50, Space Science Institute 51 r., T. Velusamy (JPL) 52/53, L. Allen (Harvard-Smithsonian CfA) & Gould´s Belt Legacy Team 53, 56 o., DLR 58 und 70 o., 96 o., 98 u., ASU 100 o., 100 u., Texas A&M/Cornell 100/101, Craig Attebery 102 o., Texas A&M/Cornell 102 u. und 104 o.
National Science Foundation: 55 u.
NOAO: AURA/NSF/T. A. Rector 18/19 u.
NSF: Forest Banks 106, B. Gudbjartsson 106/107, 107, B. Gudbjartsson 109 u.
picture-alliance, Frankfurt a. M.: dpa 11 o., United Archives 11 u., Design Pics 26 o., Lonely Planet 36 o., dpa 61 u., United Archives 62 u., maxppp 69, dpa 78 u. l., Everett Collection 117 u., Photoshot 122 r.
Ken Rice: 52 u.
SOHO: (ESA & NASA) 33 u. und 94 u.
SST, Royal Swedish Academy of Sciences: LMSAL 31 u.
Swinburne Astronomy Productions: ESO 71 o.
Top-foto, Assen: 119 u.
Wikimedia Commons: lizenziert unter Creative Commons Attribution-Share Alike 3.0 Unported (George100) 77 u.

Illustrationen

Tom Novac, Berlin: Kapitel-Icons
Römer & Osadtschij, Schwäbisch Gmünd: alle weiteren Illustrationen